包装印刷类专业规划教材

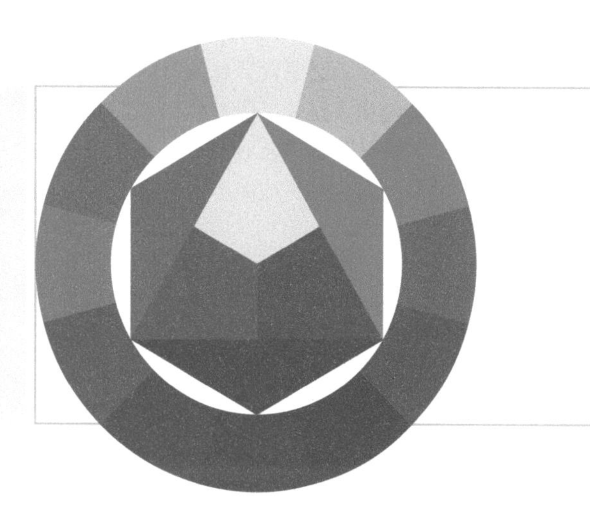

色彩管理操作教程

王旭红　杨玉春　谢芬艳　编著

CMYK

SECAI GUANLI CAOZUO JIAOCHENG

化学工业出版社

·北京·

本书着重在设计与印刷的实际操作和实践方面，对色彩管理的基本条件要求、注意事项、操作步骤等给出具体明确指导。主要包括：色彩管理基础，显示器、扫描仪、数码相机、数码打样机、数字印刷机、Photoshop、PDF文件、数字化工作流程中的色彩管理等诸多内容。

本书内容选题设计针对实训教学为主，采用项目式和任务驱动式等教学方式编写，很好地将理论与实践结合起来，便于读者学习掌握。

本书适合于普通教育本科、高职高专院校包装与印刷专业的师生作为教学用书，也可供印刷行业的从业人员作为培训用书和阅读参考。

图书在版编目（CIP）数据

色彩管理操作教程/王旭红，杨玉春，谢芬艳编著.
—北京：化学工业出版社，2013.6（2024.9重印）
包装印刷类专业规划教材
ISBN 978-7-122-16942-6

Ⅰ.①色… Ⅱ.①王…②杨…③谢… Ⅲ.①印刷色彩学-高等学校-教材 Ⅳ.①TS801.3

中国版本图书馆CIP数据核字（2013）第068011号

责任编辑：李彦玲　　文字编辑：李　曦
责任校对：蒋　宇　　装帧设计：王晓宇

出版发行：化学工业出版社（北京市东城区青年湖南街13号　邮政编码100011）
印　　装：涿州市般润文化传播有限公司
787mm×1092mm　1/16　印张8½　字数192千字　2024年9月北京第1版第4次印刷

购书咨询：010-64518888　　售后服务：010-64518899
网　　址：http://www.cip.com.cn
凡购买本书，如有缺损质量问题，本社销售中心负责调换。

定　　价：48.00元

前言

FOREWORD

在每天的生活中，我们接触到各种各样的颜色，绿色的草地、蓝色的天空、白色的云彩，等等。作为印刷行业的人士，我们需要将颜色准确的进行复制再现。但是我们使用着不同的设备和介质，各种设备原理和介质的色彩表现范围都不一样，导致在整个复制工艺中，色彩常常像个调皮的精灵，不由你自由的控制，让你又烦恼又爱。色彩管理技术的出现就好像是一道魔法，让我们能自由的控制色彩这个小精灵。

在学习色彩管理技术之前，首先要告诉大家色彩管理是一条泥泞的路，在使用过程中，会出现这样那样的问题。我们在不断的尝试中取得经验，在接下来的工作中才能完成的更好。希望大家在学习的过程中要不畏艰难，多次反复学习操作，达到得心应手的境地。

本教材依据教育部对职业类技术学院教材要求：必需、够用为原则，进行材料收集编写。内容选题设计针对实训教学为主，采用项目式和任务驱动式等多种新颖的教学方式编写，做到了理论结合实践。

本书清楚的讲解了色彩管理的知识，对于操作部分都有详细的介绍，读者可以依照书中的内容进行操作实践。

本书的编写过程中，王旭红担任总纂稿并编写了第一章、第六章的课题十六、第七章、第八章、第九章和第十章，其他分工如下：杨玉春撰写了第二章、第三章和第五章，谢芬艳撰写了第四章和第六章的课题十七、课题十八。同时要感谢本套教材的高级专家顾问武汉大学印刷包装学院的马桃林教授和华南理工大学博士生导师陈广学教授的悉心指导和诸多宝贵意见。

本书编写中，由于编者水平有限及时间仓促，书中若有疏漏及不当之处，敬请各位读者、前辈不吝赐教，以便本教程再版时更加完善。请发邮件到15607260@qq.com，敬请读者给予指正。

最后，编者再次强调：色彩管理技术需要大家去实践，去应用。

编　者

2013年3月

目录
CONTENTS

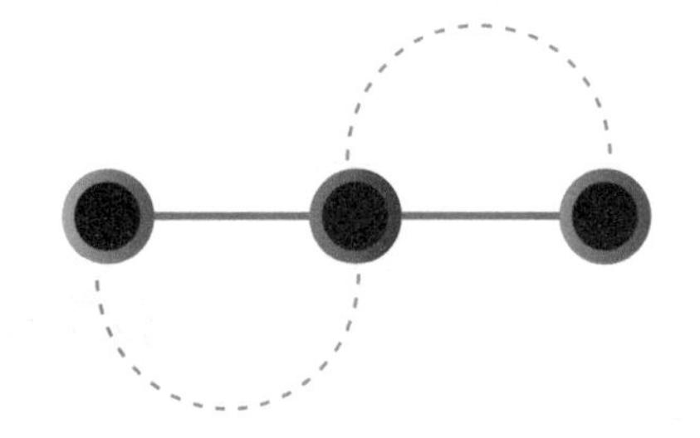

单元 1

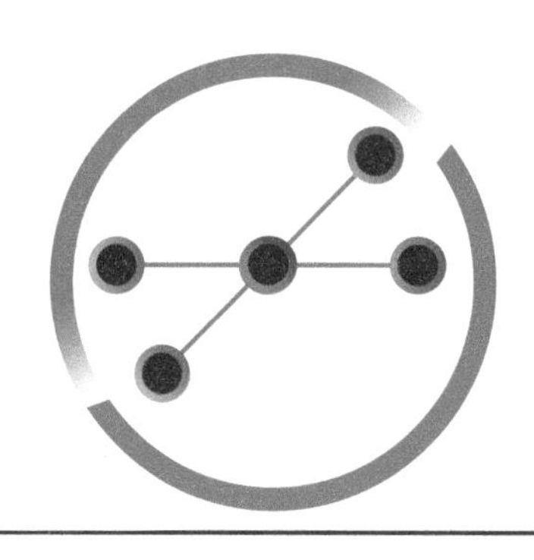

Unit 01

色彩管理基础

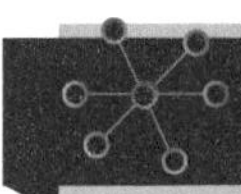

课题一 色彩管理系统

一、课题要求

1. 了解色彩管理的必要性。
2. 掌握色彩管理系统的组成。

二、实训场地和条件

实训场地：色彩管理实训室或普通教室。
实训条件：计算机、Photoshop 软件等。

三、实训指导

1. 为什么要做色彩管理

在彩色复制工艺流程中，会用到各种输入、显示和输出设备。所有设备都具有各自独特的表现色彩能力与方式，即具有不同的色彩模式与色域范围。结果导致不同扫描仪扫的同一幅图像色彩不同，在不同的显示器上观看同一图像颜色差别很大，在打样机或

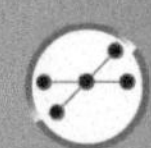

印刷机上最终输出的颜色效果无法预料。

为了在不同的设备上产生同样的颜色效果，就需要为每个设备发送不同的文件数据，这就是色彩管理系统中做得最多的工作。

图1-1和图1-2两幅图像中包含的相同颜色数值，但是却显示出很不相同的颜色感觉，这就是说计算机中存储的图像编码数据并不能代表具体的颜色感觉，这些数据只是告诉设备用多少着色剂。而每种设备的着色剂不同，比如显示器用荧光粉，而扫描仪用滤色片。而且还受到设备其他性能参数的影响，所以色彩变得无法预料。

图1-3和图1-4两幅图像中包含不同的颜色数值，但是却呈现出相同的颜色外貌。这

图1-1　凤凰图甲

图1-2　凤凰图乙

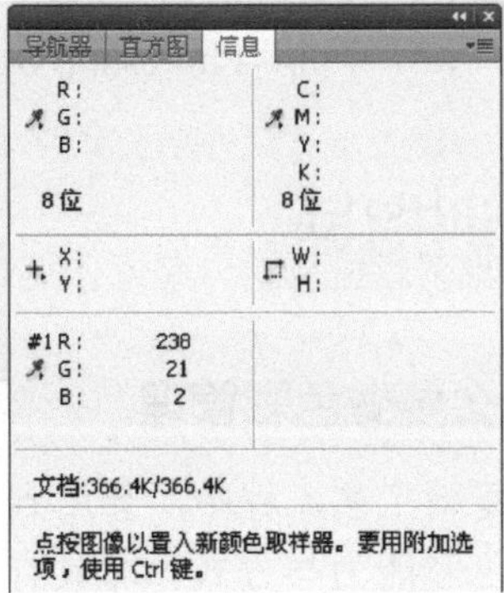

图1-3　凤凰图丙

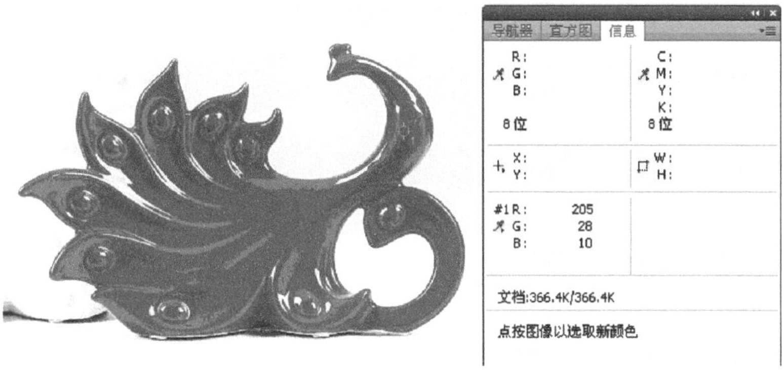

图1-4　凤凰图丁

就是色彩管理的作用。改变文件的数据使得不同设备上产生相同的颜色感觉，并且也可以控制颜色。

2. 色彩管理的作用

色彩管理系统看起来有很多内容，非常复杂，实际上都可以归纳为以下两个工作任务。

① 给RGB或CMYK数值赋予一个特定的颜色含义，即告诉设备这些数据表示什么样的颜色感觉。

② 色彩管理系统要改变发送到不同设备上的RGB或CMYK数值，使不同的颜色数值在各种设备间传递时，保持相同的颜色感觉。

3. 色彩管理系统的组成

色彩管理系统，包括计算机硬件、计算机软件和测色设备，其目标是使各种设备和材料在色彩信息传递方面相互匹配，实现颜色的准确传递。

目前色彩管理基本上采用ICC（国际色彩联盟的简称）标准。ICC色彩管理系统的基本结构是以操作系统为中心，CIE Lab或CIE XYZ为标准参考色彩空间，ICC特征文件记录设备输入或输出色彩的特征，应用软件及第三方色彩管理软件成为使用者的色彩控制接口。颜色特征文件储存于电脑中一个特定的文件夹内，当需要作色彩转换时，操作系统便会从这个文件夹中调用需要的颜色特征文件。

所有基于ICC色彩管理系统一般包括四个基本组成部分，特性文件连接色空间（PCS）、设备颜色特性文件（Profile）、色彩管理引擎（CMM）和再现意图。

（1）特性文件连接空间　特性文件连接空间即PCS色空间，ICC色彩管理规定了CIE XYZ或CIELab颜色空间作为特性文件的PCS空间。在进行颜色空间转换时，先把源空间的颜色转换到PCS空间，再将颜色转换到目标颜色空间去。例如，要将某图像的颜色由扫描仪的RGB色空间转到彩色打印机的CMYK色空间，就需要先把图像的RGB颜色值转换到PCS空间，再将颜色转换为打印机的CMYK色空间。

（2）设备颜色特性文件　颜色特性文件用来描述指定设备的颜色表现特性，建立设备特性文件是色彩管理的核心，它明确定义了设备的RGB值或CMYK值所对应的CIE XYZ或CIE Lab数值，通过这些信息可以获得设备能够再现的色彩范围。利用设备特性文

件就可以使用色彩转换程序在设备的色彩空间和PCS空间之间进行彩色信息的转换。在色彩管理系统中，设备特性文件相当于设备的“颜色身份证”。

进行颜色转换时需要两个特性文件：一个是源设备特性文件，另一个是目标设备特性文件。源设备特性文件规定了色彩管理系统文档中包含的数据实际是什么颜色，而目标设备特性文件则控制在目标设备上能复制出哪些实际的颜色。例如，要将某个CMYK的图像文件准确显示在显示器上就需要将CMYK的颜色转换为显示器的RGB空间的颜色，这时候源设备的特性文件是CMYK的色空间的特性文件，目标设备特性文件就为显示器的特性文件。

（3）色彩管理引擎（CMM） 色彩管理引擎实质上是一个在特性文件的支持下完成颜色转换的程序，为色彩管理系统进行从源设备颜色空间到PCS，以及从PCS到目标设备空间进行颜色转换的计算。因为在特性文件中不可能包含所有可能出现的RGB或CMYK转换到PCS的颜色值，所以在实际转换时要由CMM来计算各颜色的转换值。色彩管理用到的CMM有很多，常用的有Adobe、Agfa、Apple、Heidelberg、Microsoft ICM、X-Rite等公司开发的CMM算法。

（4）再现意图 每个设备有自己的色域，这是由设备本身的物理性质决定的。在源设备色空间中呈现的所有颜色，有可能在目标设备色空间中复制不出来，这些不能复制的颜色叫色域外颜色，必须用一些其他颜色来代替。再现意图的作用就是决定用什么方法来映射源空间颜色到目标设备空间。

ICC定义了四种再现意图：视觉匹配法、饱和度匹配法、相对色度匹配法和绝对色度匹配法。为得到最佳的色域转换，可根据复制要求，对不同性质的图像会采用不同的色彩匹配方法。

① 视觉匹配法。视觉匹配法是将源设备空间的所有颜色等比例地对应到目标设备的色空间，使所有颜色在整体感觉上保持不变。这种方法有利于保持连续调图像的视觉一致性，适用于照片类的对阶调层次要求高的连续调图像，也常常是色彩管理系统默认的选择。

② 饱和度匹配法。饱和度匹配法是将落在目标色域外的颜色改变亮度，甚至有时改变色相，尽量保护颜色的饱和度，或者提高图像的饱和度。在饱和度匹配法实施的时候，图像中所有颜色的饱和度将都会有所增加。饱和度匹配法一般用于卡通、京剧、商业等方面的对颜色色相以及亮度要求不严格图片或者想要增加图像的饱和度的图像。

③ 相对色度匹配法。相对色度匹配法首先将色域中最亮的白点压缩到目标色域的最亮白点上，其他相关颜色随之压缩。位于目标设备空间之外的颜色将被替换成目标设备色空间中色度值与其尽可能接近的颜色。位于目标设备的色空间内的颜色不发生变化，而超出色域的颜色则可能发生很大的变化。经过白点映射之后，如果有的颜色仍然位于目标色域之外，则通过直接裁剪的方法，将其压缩到目标色域的边界上最接近的颜色上。

相对来说，对于图像复制来说，相对色度匹配法比视觉匹配法更好些，它保留了更多的原来颜色。

④ 绝对色度匹配法。绝对色度匹配法是指对保持位于色域共同区域内的颜色不变，目标设备色域外的颜色用离它最近的颜色代替，同时色域内的亮度精确再现，色域外的亮度升高或降低，直至正好在色域上，这样有可能造成色域外多个颜色用色域边界上的

一个颜色来代替，颜色几乎没有层次变化。

绝对色度匹配法试图尽可能地准确复制源设备色空间的所有颜色，也能很准确地保持原来的白色。例如，源设备色空间的白点偏蓝色，而目标色空间的白点偏黄色。采用绝对色度匹配白色区域加一些墨色来模拟原来的蓝色。数码打样的色彩管理就应该采用这种匹配方法，因为数码打样纸和印刷纸差别比较大，需要模拟纸色，这样和最终印刷效果更接近，因此数码打样的再现意图一定是绝对色度匹配法。

4.色彩管理的基本原理

ICC色彩管理使用一个中间颜色空间PCS来表示各种设备的颜色，它为用户要用的设备之间架起一座颜色转换的桥梁。ICC色彩管理的基本原理是以颜色感觉为依据，将所有设备呈现的颜色用人的感觉来定义。各种设备呈现出的颜色，以CIE颜色系统统一描述颜色，使设备呈现颜色的CIE XYZ或CIE Lab值都相同。所以不论设备的颜色值是RGB颜色模式还是CMYK模式，颜色转换只在RGB与CIE颜色值或CMYK与CIE颜色值之间进行，不会直接进行设备值到设备颜色值的直接转换。

5.色彩管理的工作流程

色彩管理工作有许多环节是自动实现的，工作效率很高，也更加客观。色彩管理的流程可以分为以下三步，依次是校准、特征化、转换。

（1）校准　校准是指将设备调整到标准状态，以确保它能达到或精确到生产厂商的规范上。校准对色彩管理非常重要，因为设备如果不在正常状态或者接近正常状态下工作，其颜色表现就会和通常的标准相差很大，此时进行色彩管理就没有任何意义了，所以校准十分重要。它是色彩管理的基础和工作的起点。对于设备来说，除了要求要调整到标准状态外，还有一个要求就是设备的颜色稳定性，否则色彩管理也没有任何用途。

很多设备在使用一段时间后，就不再是之前校准时的标准状态了，所以此时需要再次对设备进行校准，重新进行色彩管理的流程。所以色彩管理不是一次做好就可以一直使用了。

（2）特性化　特性化的意思是建立设备的特性文件。特征化的过程就是确立设备或材料的色彩表现范围，并以数学方式进行记录，以便进行色彩转换用。

首先要明确对设备进行特性化必须在设备校准之后进行。另外要清楚，设备的稳定性是保证特性化起有效作用的基础条件。

对设备进行特征化一般是用设备输入或者输出一些基本颜色色标，然后测量色标的颜色值，也可以测量颜色的光谱辐射值或光谱反射率，据此颜色值来确定设备的颜色表现特性，利用软件生成ICC Profile。

（3）转换　转换指将对象的颜色由一个设备的色空间转换到另一个设备的色空间。一定要有一个源色空间和一个目标色空间。

色彩管理中的颜色转换尽管不能提供百分百相同的颜色，但它能发挥设备或材料所能提供最理想的色彩，同时让使用者预知结果。印刷系统有许多环节要用到色彩转换：如利用显示器显示图像，需要将RGB颜色对象或者CMYK颜色对象的颜色由原来的颜色空间转换到显示器的色空间。

课题二　色域介绍

一、课题要求

1. 掌握色域的基本内涵。
2. 掌握色彩管理常用的色域。

二、实训场地和实训条件

实训场地：色彩管理实训室或普通教室。
实训条件：计算机等，可选用孟塞尔色立体。

三、实训指导

1. 色域

色域，又被称为色彩空间，是指一个系统能够产生颜色的总和，通常是用模型或方法表示的颜色空间，或是具体设备和介质所能表现的颜色范围。不同的设备、不同的材料能描述的色域大小是不同的。色彩复制系统中的每一个设备（扫描仪、照相机、显示器、打样机与印刷机等）都只能再现某一特定范围内色彩，即使是同一厂家同一批次生产的设备，所能表现的色彩范围也不同。

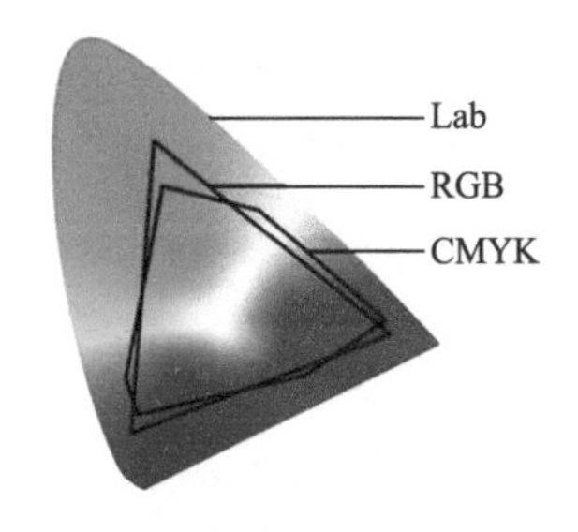

图1-5　色域图

经常用到的色彩空间主要有RGB、CMYK、Lab等。色域一般是立体的，使用中经常把这个立体投影到二维平面，形成二维的色域，如图1-5所示。

图1-5分别是RGB色空间、CMYK色空间和Lab色空间。可以看出，RGB和CMYK色空间既相互包容主要部分，又有少量部分相互超越。Lab色空间是所有色空间中最大的，包含了RGB色空间中和CMYK色空间中所有颜色。由图1-5可以明显看出，不同的色域所包含的颜色范围有很大差别。

在色彩管理中，我们通常把颜色空间分为两类：一类是基于人眼视觉的，常用CIE的各种色度系统表色方法来表示，称为与设备无关的颜色空间，例如，CIE XYZ；另一类是基于设备的，可以用CIE的色度系统来表示，也可以用其他模拟方法表示，如用CMYK的百分比。

2.与设备无关的颜色空间

在色彩管理中，与设备无关的色空间主要使用的有CIE XYZ(1931）和CIE Lab色空间。CIE XYZ（1931）色彩空间由国际照明委员会（CIE）于1931年创立，如图1-6所示。

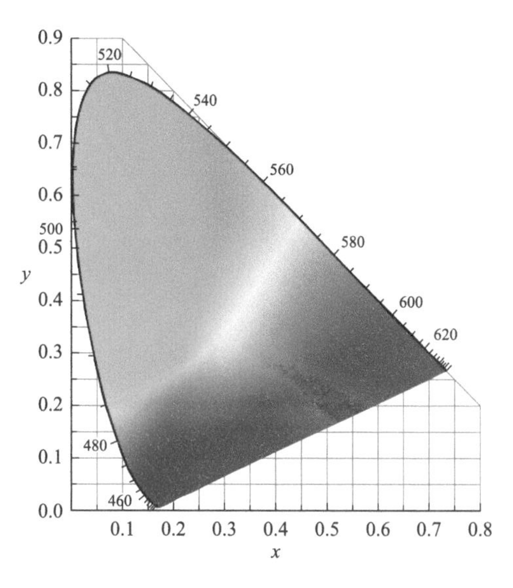

图1-6　CIE　XYZ（1931）色彩空间

从波长为700nm左右的红光到540nm处的绿光，光谱轨迹几乎呈一条直线。此后，突然转弯，颜色从绿转为蓝绿，之后又从510nm到480nm逐渐平缓，轨迹曲率变小。蓝色和紫色波段被压缩在尾部的较短范围。

CIE XYZ（1931）有两个，一个是2°视场的，一个是10°视场的。色彩管理一般以测量2°视场的居多。

实际的CIE XYZ（1931）色彩空间。*x*色度坐标代表红色的比例，*y*代表绿色的比例，*Y*代表亮度。这样就可以用*Yxy*的坐标值表示出一个确定唯一的颜色。这个立体代表真正的XYZ色空间。如图1-7所示。

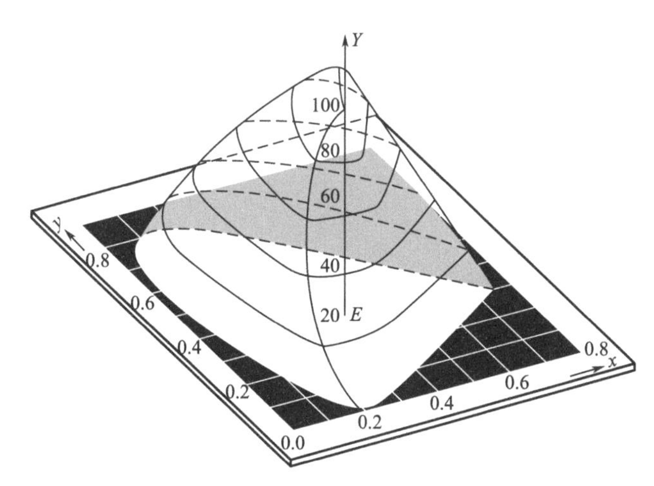

图1-7　立体CIE XYZ（1931）色彩空间

CIE Lab（1976）空间经常用作色彩连接空间，用于颜色空间转换的桥梁。就好比是设备间沟通使用的国际通用翻译语言。

Lab模式由三个通道组成，L通道表示亮度，a通道包括的是从深绿色到灰色再到亮粉红色，b通道包括从亮蓝色到灰色再到黄色。如图1-8所示。

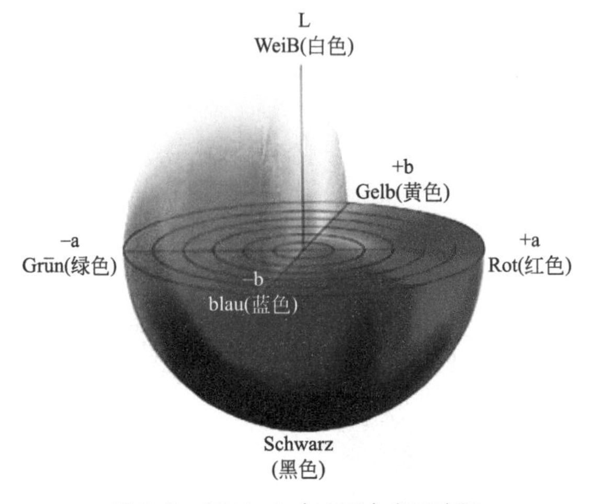

图1-8 CIE Lab（1976）色彩空间

3.与设备有关的颜色空间

与设备有关的颜色空间主要有RGB和CMYK色空间。它们不是表示人的颜色视觉，而是着色剂的数量，设备靠这些数值去驱动和运行。着色剂的特定颜色决定了设备可以复制的颜色范围。

所有的设备色域都是不同的。印刷的色域不仅与印刷机有关，而且与纸张和油墨有关，不同的纸张油墨和印刷机组合，便有不同的印刷色域。

课题三 色标介绍

一、课题要求

1. 了解什么是色标。
2. 掌握在做色彩管理的过程中色标的用途及适用的环境。

二、实训场地和条件

实训场地：色彩管理实训室或普通教室。

实训条件：计算机、相关色标。

三、实训指导

色标是用实地和网目调色块表示的基本色及其混合色的标准，也常被称为色彩向导或色彩控制条。色标在色彩管理中起着非常重要的作用。其最核心的部分就是准确制作色彩特性文件，以便正确描述输入输出设备工作特性，实现色彩空间的有效转换。色彩管理中最基础的工作就是输入准确的颜色值，而这些颜色值都是通过测量色标得来的。色标有很多种，由于设计的不同，所以在做对应设备的特性文件时，通常按照适合设备的工作原理来进行选择。通常购买专业输入、输出设备或色彩管理软件时都附带有特性文件生成软件和专用的色标。

有了色标，就可以通过测量色标上这些有代表性的样点来得知设备的色彩特性。

由于输入设备的输入方法是将胶片或纸张上的原稿图像通过扫描转换为数字图像，输入色标是由一组印制在胶片或纸张上的色块构成。最常使用的扫描色标是IT8.7/1（透射稿）和IT8.7/2（反射稿）（图1-9），还有HCT色标（图1-10），HCT色标比IT8色标具有更好的颜色组合，可以更容易得到较好的特性文件。

图1-9　IT8.7/1和IT8.7/2标准色标

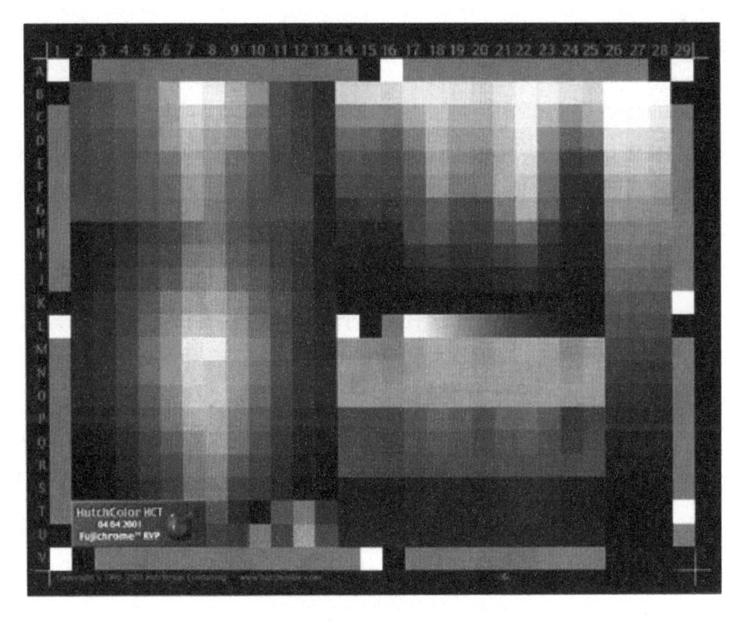

图1-10　HCT色标

数字相机特征化的色标主要有两种：Macbeth Color Checker色标（图1-11）、GretagMacbeth ColorChecker SG（半光泽）色标（图1-12），通常使用Macbeth ColorChecker色标的情况更多，只有当户外拍摄、光源不好控制时，会使用GretagMacbeth ColorChecker SG（半光泽）色标。

输出设备（如打印机或印刷机）的输出色标是数字色块表，常用的有ISO IT8和ISO 12642。ISO IT8.7/3是一种电子色标，以TIFF格式存储于光盘，总共有928个色块，其中包含182个基本油墨色块和746个扩展油墨色块，分别以C、M、Y、K数值存储。也可以采用IT8.7/4（图1-13），比IT8.7/3含有更多的色块，可以更好地满足更多包装和出版半色调印刷需求和寻求更佳的油墨覆盖率布局。

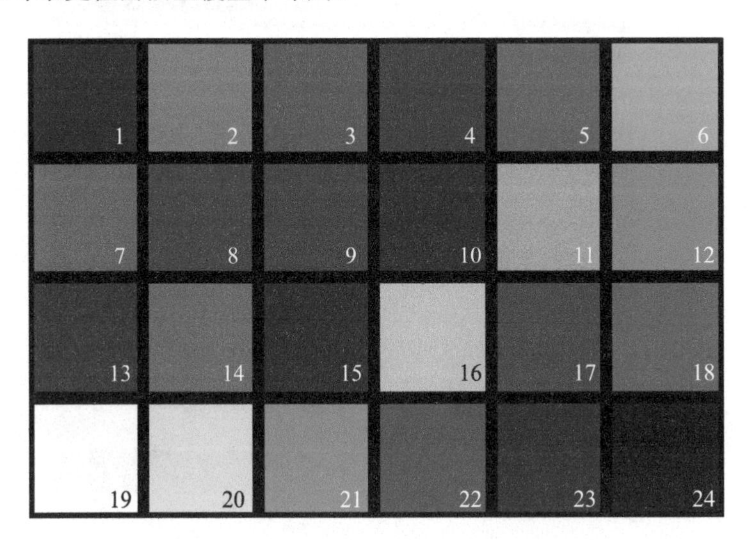

图1-11　MacBeth Color Checker色标

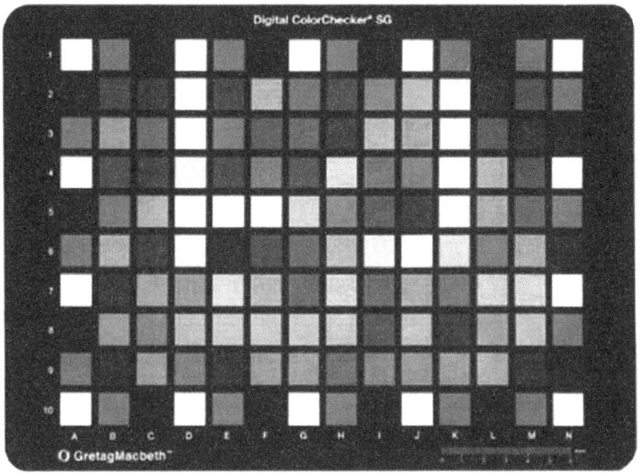

图1-12　GretagMacbeth ColorChecker SG色标

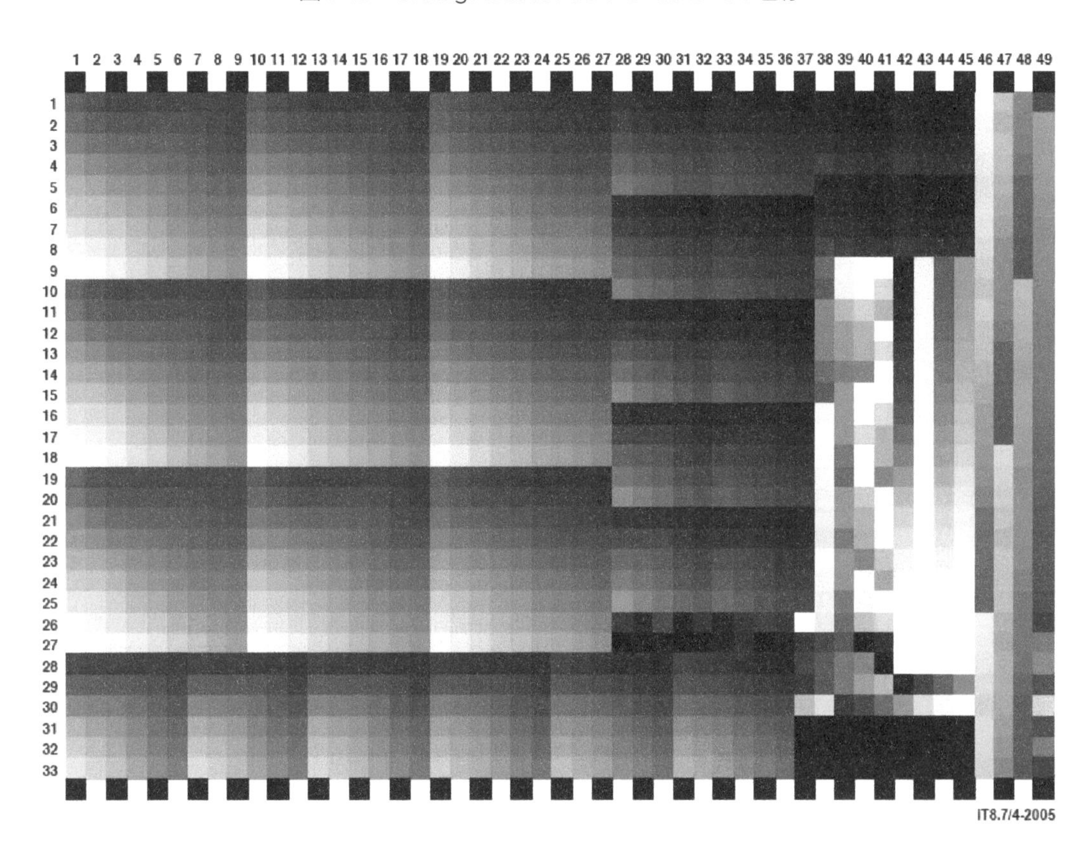

图1-13　ISO IT8.7/4标准色标

ECI 2002标准色标也是输出设备特征化常用的色标（图1-14）。该色标是由欧洲色彩协会开发的标准色标，符合ISO12642国际标准，所含色块数较多，共有1485个色块。该色标也是一种电子色标，以CMYK模式的TIFF格式存储于光盘。与ISOIT8.7/3相比，ECI 2002标准色标拥有更多的色样，进行输出设备特性化时，将提供更多的颜色标准数据，用于特性文件的计算。

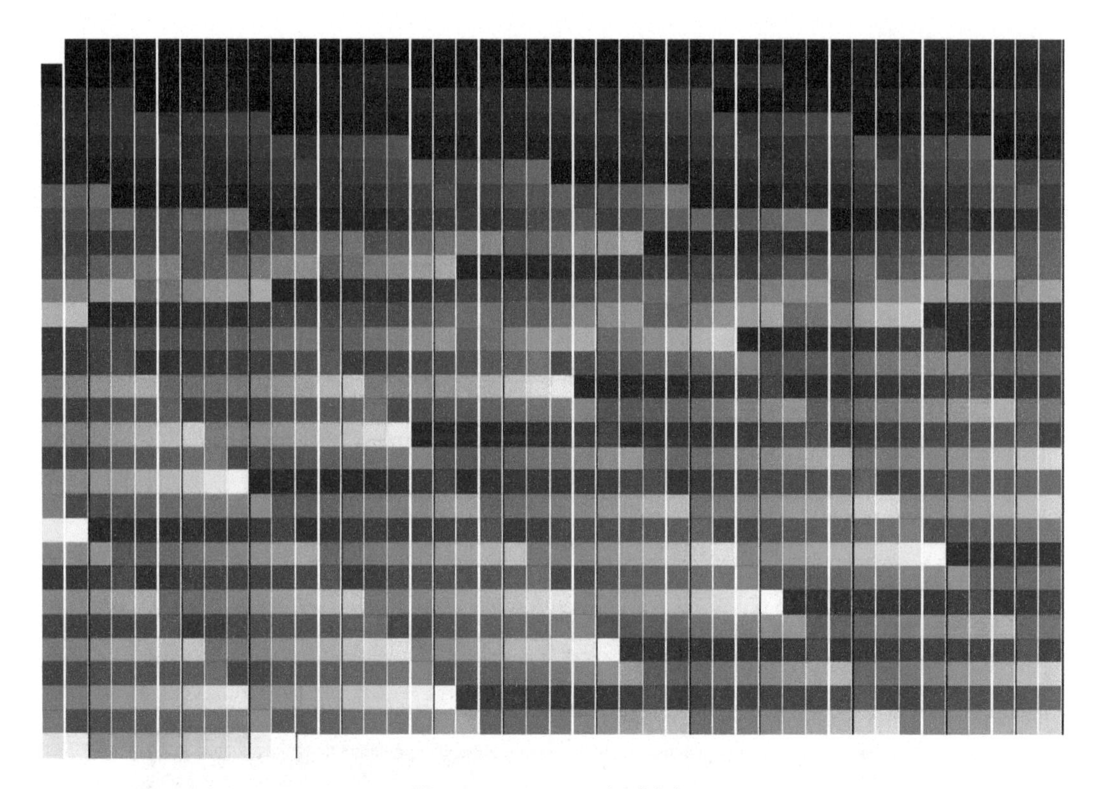

图1-14　ECI 2002标准色标

思考题

1. 简述色彩管理系统的构成及各自的作用。
2. 色彩管理系统工作的三个过程是哪三个？并分别说明它们对色彩管理的作用？
3. 常见的CMM有哪些？
4. 色彩管理系统必须完成的任务是什么？
5. 什么是色域？
6. 常用的与设备无关的色彩空间有哪些？
7. 哪个色域可以作为色彩管理转换的中间色空间，为什么？
8. 色标是什么？
9. 输入、输出设备常用的色标有哪些？

单元 2

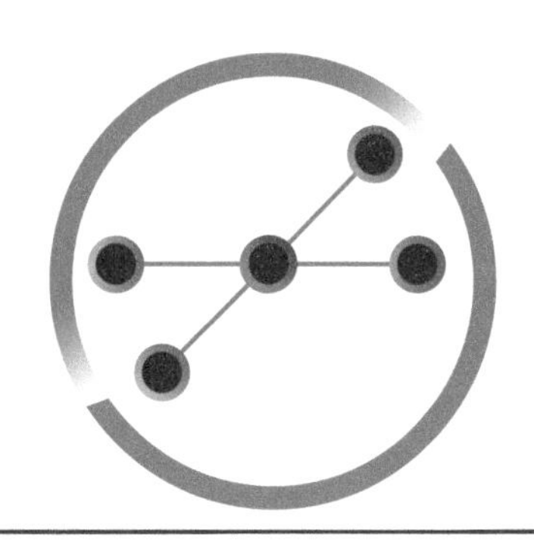

Unit 02

显示器的色彩管理

课题四 显示器的校正

一、课题要求

1. 了解显示器的各种校正方法。
2. 掌握 ProfileMaker 5.0 校正显示器的方法。

二、实训场地和条件

实训场地：色彩管理实训室。

实训条件：显示器、X-Rite Eyeone 分光光度计、Adobe Gamma。Profile Maker5.0 色彩管理软件。

三、实训指导

1. 校正显示器前的准备工作

① 打开显示器，预热半个小时以上，使它处于稳定的工作状态。

② 显示器周围的环境光线始终保持一致。灯及灯的位置不要改变，太亮或太暗都不

合适，最好的光线是稍稍偏暗，并且尽可能减少屏幕对环境光线的反射，建议使用遮光罩。

③ 去掉显示器的桌面背景，关闭屏幕保护系统，因为桌面的颜色会影响校正过程中对色彩的准确感知，并将桌面颜色设置成中性的灰色。以Windows XP系统为例，右击桌面选择“属性”打开“显示属性”对话框，点选“外观”选项卡，单击其中的“高级”按钮，弹出“高级外观”窗口，单击其中的“颜色”按钮，在弹出的“颜色”窗口中修改红、绿、蓝三种颜色的值为128。

④ 显示器的颜色数量应该设置成24位或32位真彩色。通过“显示属性”窗口中“设置”选项里的“颜色质量”设置。

2.显示器的校正

显示器的校正方法有很多，有些方法是计算机操作系统提供的，而另一些则使用专用的软件实现。以下为两种比较常用的方法。

（1）利用“Adobe Gamma”控制面板校正显示器

“Adobe Gamma”是Adobe Systems公司在Adobe PhotoShop中标准配置的一个软件，其目的就是使用户可以简单、准确、方便地校正显示器的色彩。Adobe Photoshop软件安装好后，“Adobe Gamma”会自动出现在“控制面板”当中。

打开“控制面板”，双击“Adobe Gamma”，进入“Adobe Gamma”界面，如图2-1所示。“Adobe Gamma”允许使用“控制面板”和“逐步向导”两种模式来校准显示器。下面采用“控制面板”模式进行校正，可随时单击“控制面板”下方的“精灵”按钮切换到向导模式，如图2-2所示。

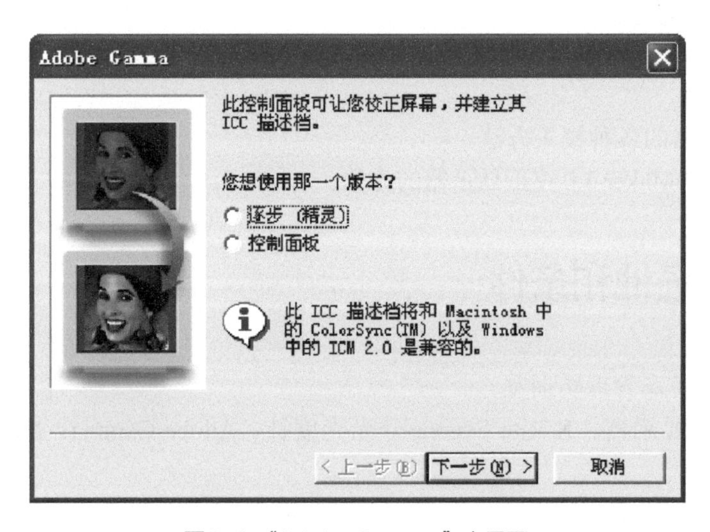

图2-1 “Adobe Gamma”主界面

① 首先需要载入一个已有的显示器ICC特性置文件，作为校准显示器的起点。描述显示器色彩的ICC特性文件包含在显示器的驱动中，显示器驱动安装好后，ICC特性文件会自动加载并使用。“Adobe Gamma”控制面板顶端的“说明”区域显示的就是目前使用的ICC特性文件，就以它作为校准的基础。如果没有显示，可以选择Adobe的通用显示器特性文件。单击旁边的“加载中”按钮，选择“AdobeRGB1998.icc”文件，如图2-3所示。

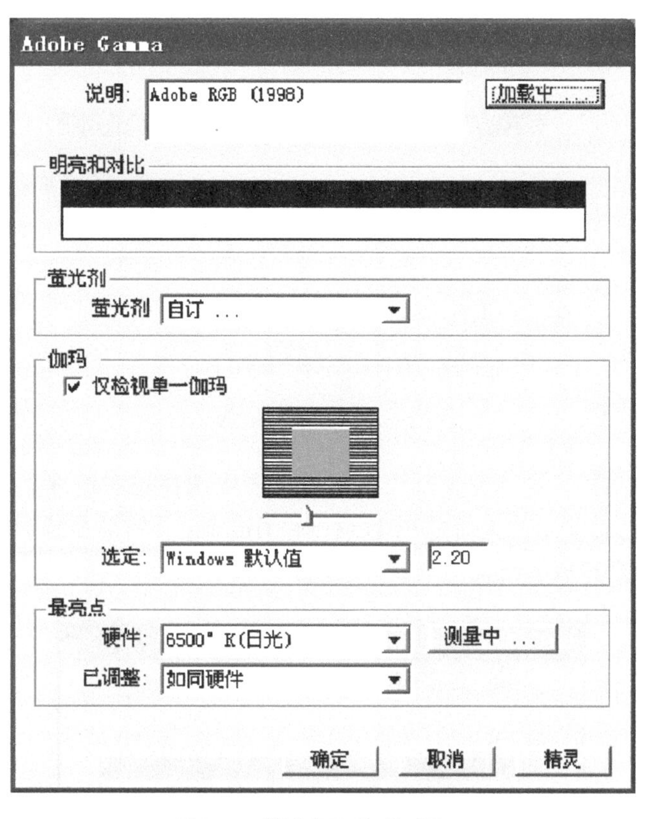

图2-2 “控制面板”模式界面

图2-3 显示器加载特性文件

② 设置显示器的亮度和对比度。“Adobe Gamma”要求先将显示器的对比度设置到最高。然后调整显示器的亮度，使矩形图形上半部分黑色和灰色方块交错图案中的灰色方块在不和黑色方块接近的情况下尽可能黑暗，同时保持下半部分的白色区域是一种亮白色（图2-4）。调整好之后，不要再改变亮度和对比度的设置，否则会使校准的显示器配置文件无效。

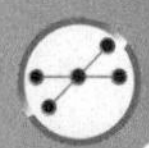

注：① a.灰色方块太亮。
② b.灰色方块太暗，白色区域太灰。
③ c.灰色方块和白色区域调教正确。

图2-4　亮度和对比度

③ 选择“荧光剂”。从“荧光剂”的下拉列表中选择正在校准显示器的荧光剂类型（图2-5），比较常见的荧光剂类型是EBU/ITU和Trinitron。如果不能确定显示器使用的是哪种荧光剂，可以查看显示器说明或联系厂商。

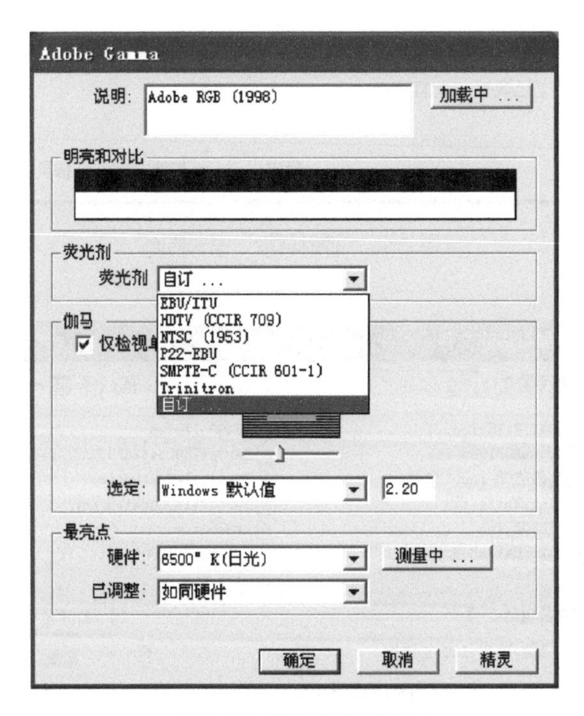

图2-5　“荧光剂”选择

④ 伽马调整定义中间调的亮度。该项调整既可以基于单一的伽马组合，也可以取消“仅检视单一伽马”选项，分别调整红色、绿色和蓝色的中间调。拖曳方框下的滑块，直到中间的图形尽可能地和背景融合在一起为止（图2-6），使用键盘上的左右方向键做精确调整。斜视或远离显示器更利于观察。在伽马选项的最下方可以为查看图片单独制订伽马。对于Windows系统，直接从“选定”下拉列表中选择“Windows默认值”，其值为2.2。

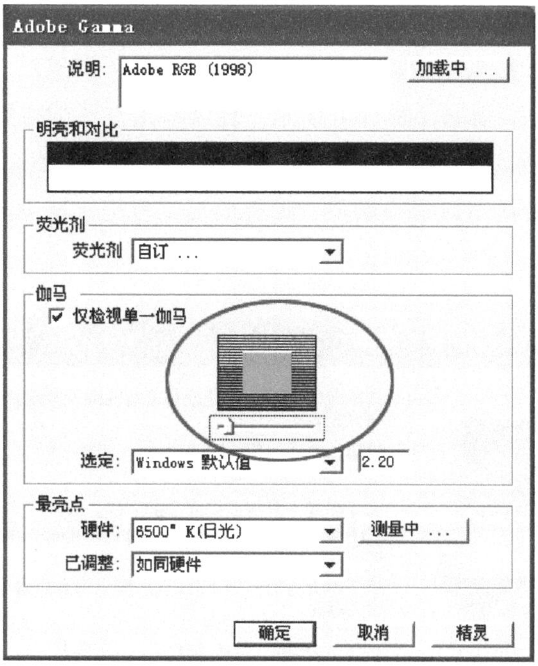

图2-6　伽马调整

⑤ 设置显示器的最亮点。一般显示器都会提供5000K、6500K和9300K三种色温。“最亮点”选项栏的“硬件”中已给出了目前显示器的色温值，也可以从下拉列表中选择正确的色温值（图2-7）。

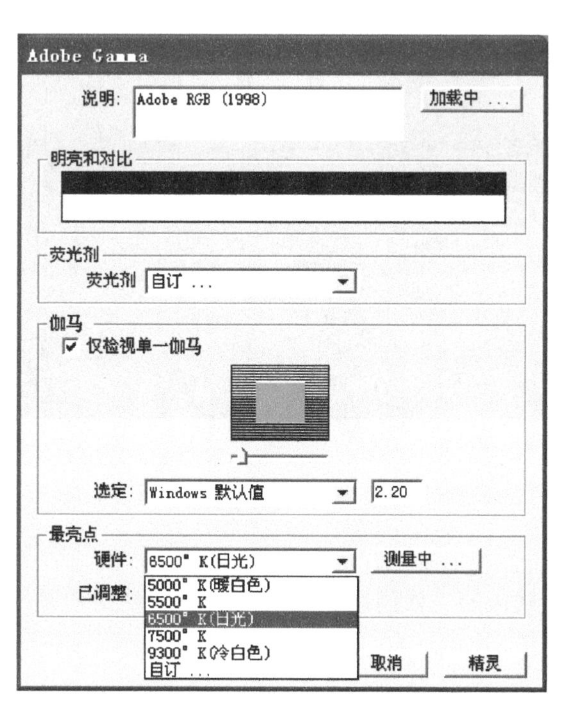

图2-7　色温选择

如果不知道显示器的色温值，可以点击“测量中”按钮进行视觉测量，如图2-8（a）所示。为了得到最好的结果，应该关闭房间中所有的灯。测量过程中，屏幕变黑，同时中间出现三个白色方块，如图2-8（b）所示，连续单击左边的方块会使白色趋向于冷色调（偏蓝），连续单击右边的方块会使白色趋向于暖色调（偏黄），中间的就是我们想要的白色，单击中间的方块可以提交结果。调整的最终目标是使中间的方块尽可能为中性的白色。

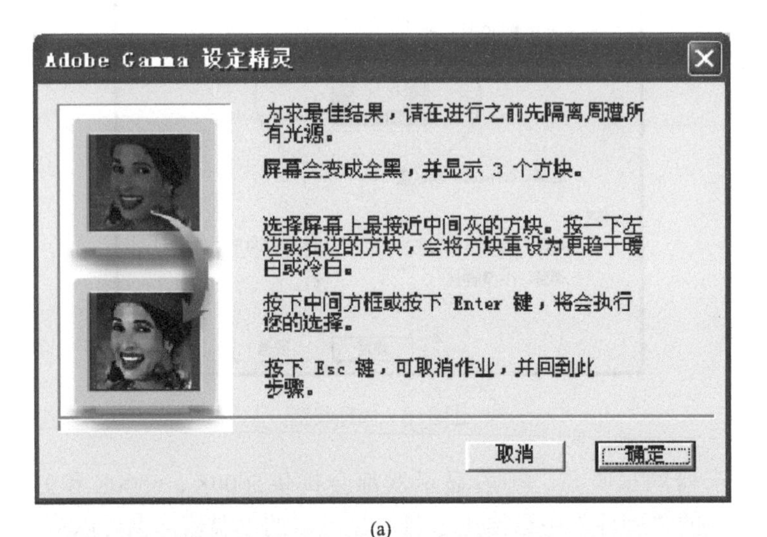

(a)

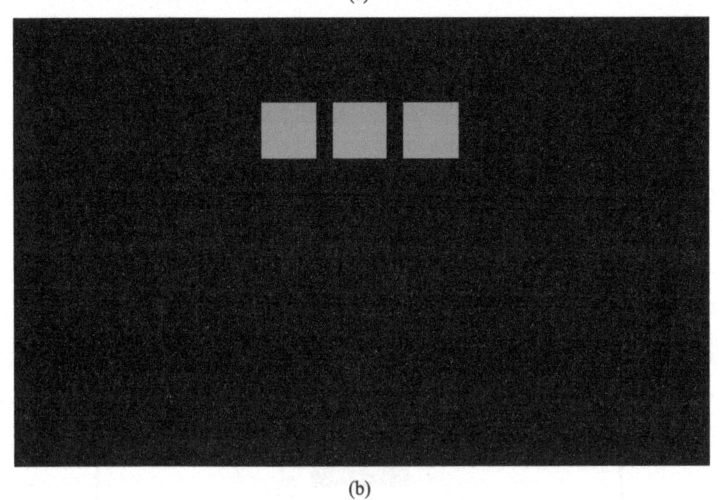

(b)

图2-8　测量显示器色温

“已调整”中保持默认的“如同硬件”选项，说明使用的是刚才调整的结果，如图2-9所示。

最后单击“确定”按钮保存调整之后的ICC配置文件，建议重新命名保存，如图2-10所示。至此校准工作已全部结束。

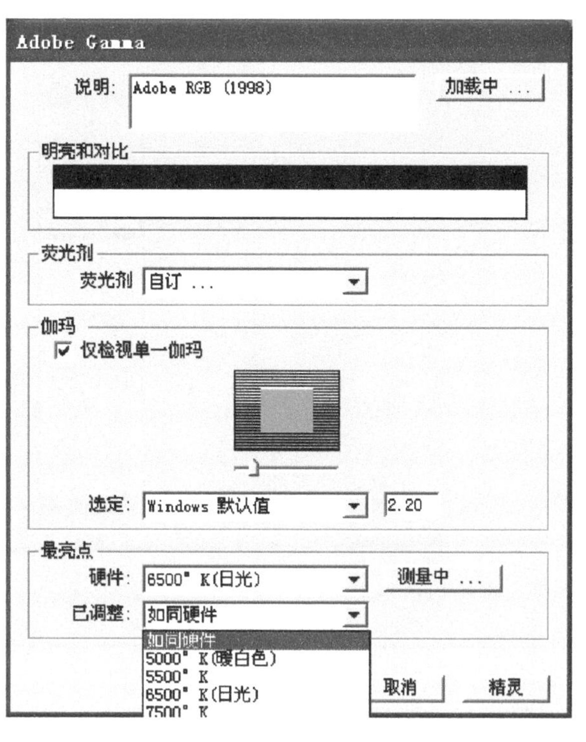

图2-9　已调整选项

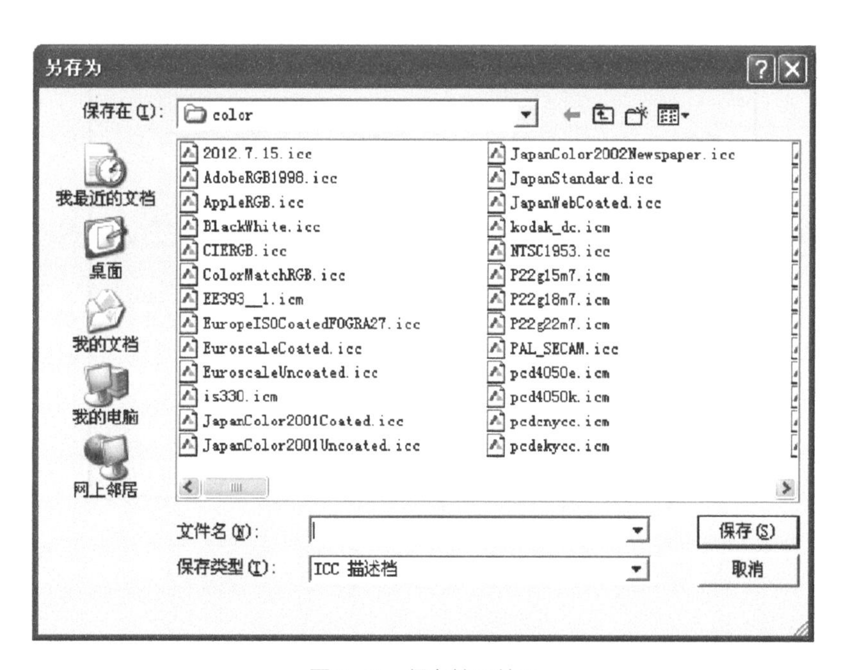

图2-10　保存校正结果

（2）使用Profile Maker5.0色彩管理软件

将Eye-One（色彩管理测量工具）与计算机相连，打开Profile Maker，启动MeasureTool校正功能，进入显示器校准界面，如图2-11所示。

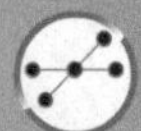

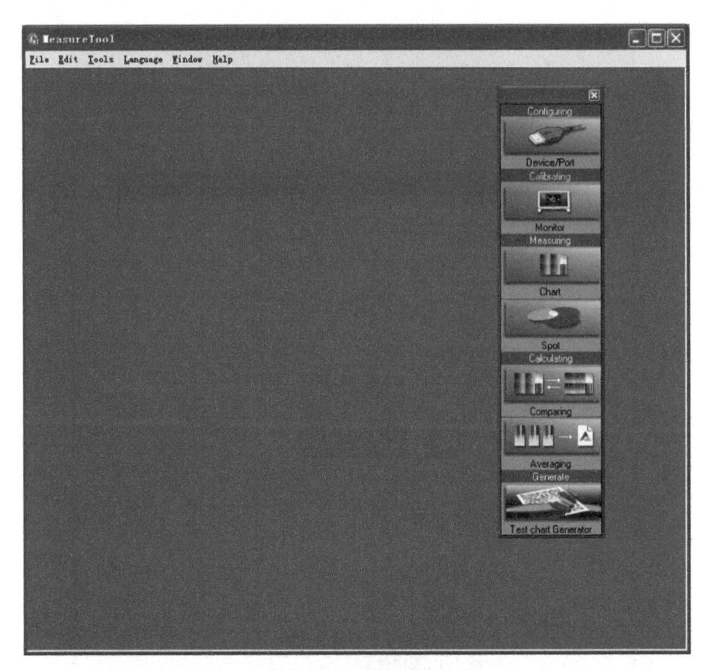

（a）Measure Tool界面

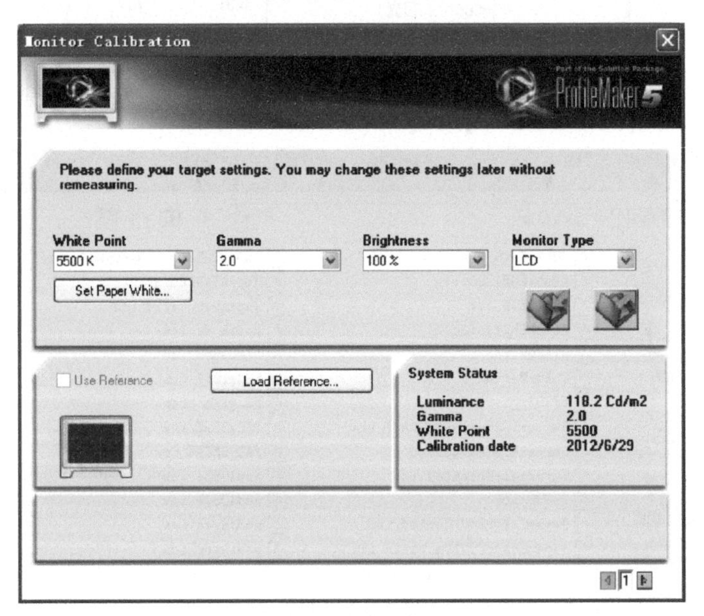

（b）显示器校正界面

图2-11 显示器校正

① 基本设定

a. 设定白点“White Point”，白点有很多色温选项，一般来说，会选择“5000K”或“6500K”，我国规定印刷标准使用光源是6500K，国际使用标准是5000K，现在很多印刷厂都使用的是5000K。这里选择多少K，要根据实际印刷时看稿光源来决定。做印刷和摄影使用时，推荐5000K或6500K，网页推荐6500K。如图2-12所示。

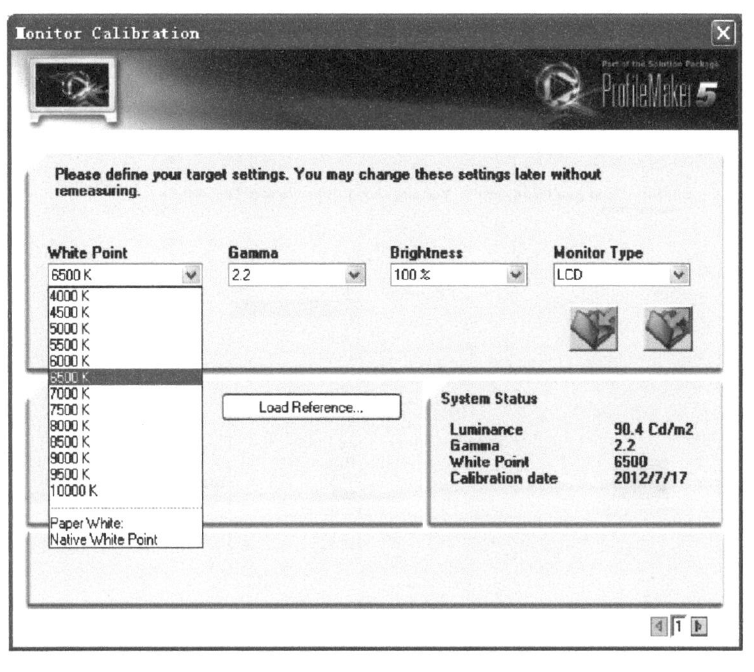

图2-12　白点设定

b.设定“Gamma”值，根据显示器的复制特性进行设置，苹果计算机一般设置“Gamma”值为1.8，PC计算机一般设置“Gamma”值为2.2，如图2-13所示。

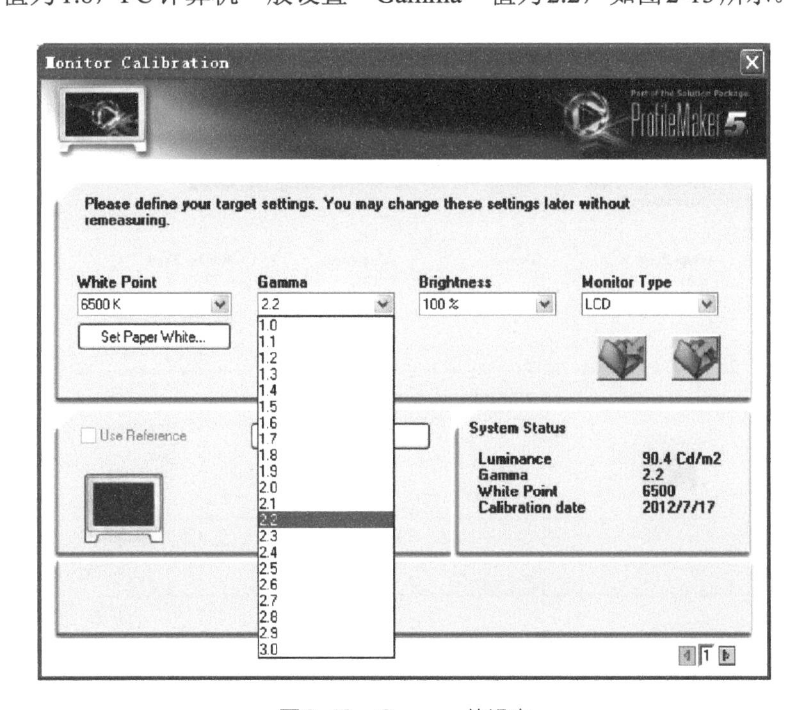

图2-13　Gamma值设定

c. 设定亮度“Brightness”，亮度选择100%，如图2-14所示。

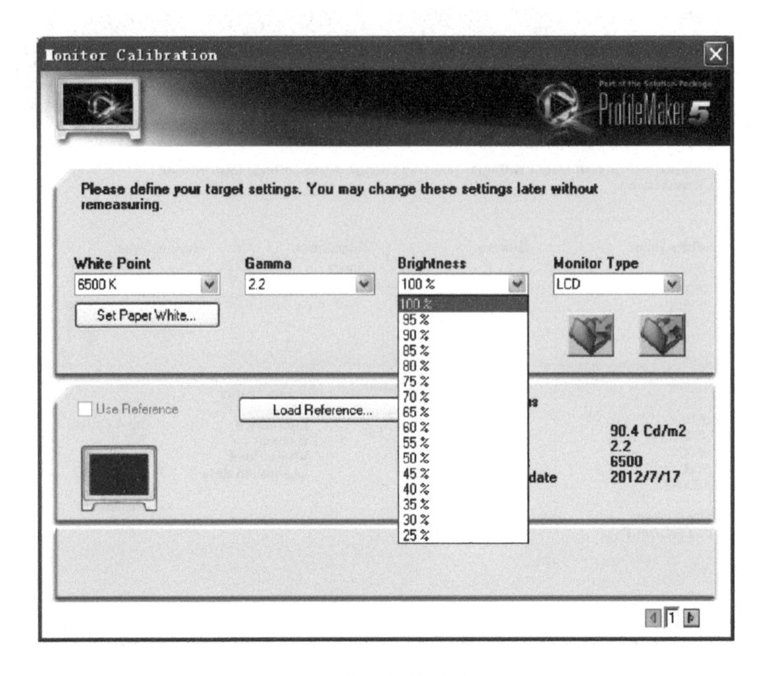

图2-14　亮度设定

d. 根据使用的显示器选择显示器类型，这里选择“LCD”。如图2-15所示。

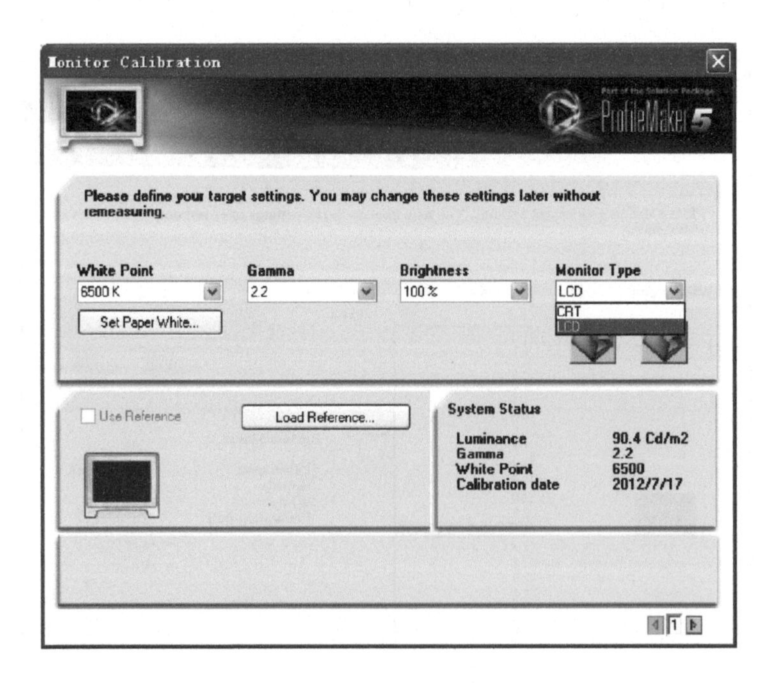

图2-15　显示器类型

② 调节显示器的对比度。设定完成后，点击1右边的小箭头，进入第2步，调节显示器的对比度。首先将显示器对比图调整到最大，然后点击“start（开始）”，直到上下三角箭头对到一起，如图2-16所示。

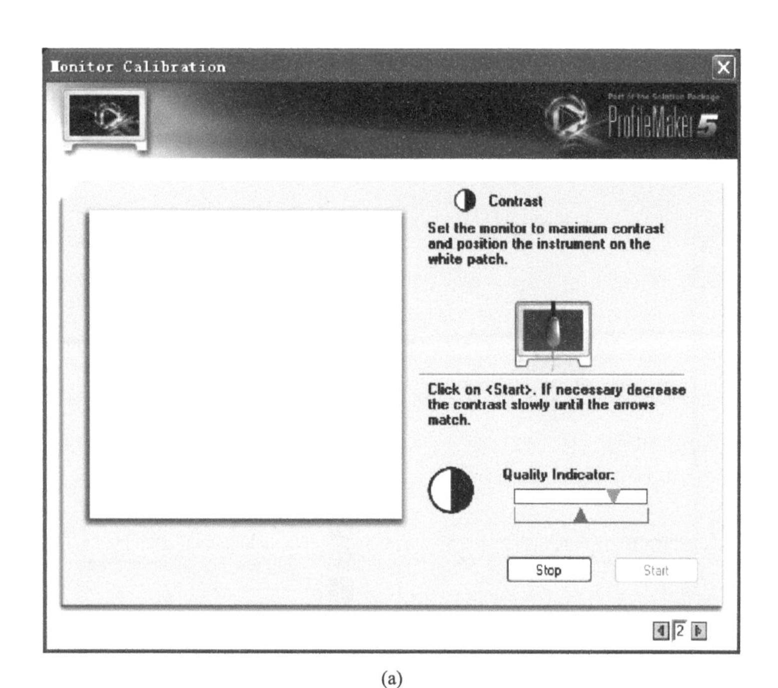

(a)

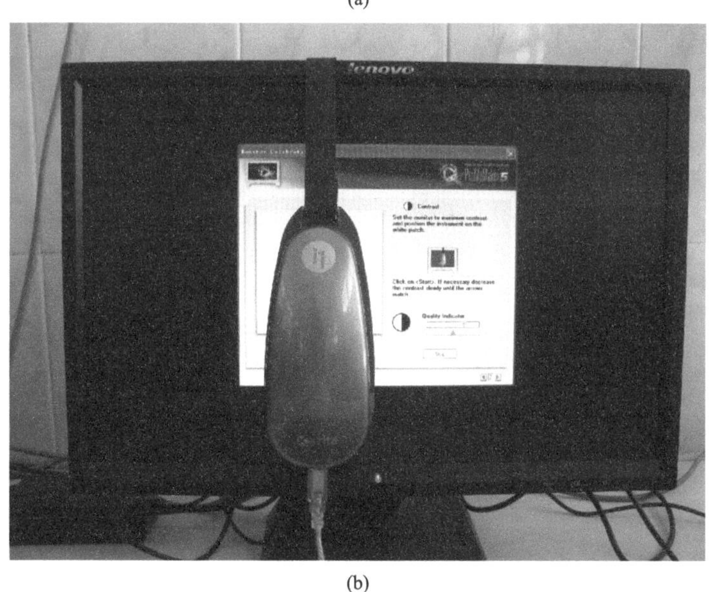

(b)

图2-16　调节显示器的对比度

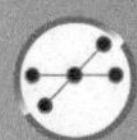

③ 调节白点色温。对比度调节完成后，点击2右边的小箭头，进入第3步，调节显示器白点。分别调整显示器的“RGB”值，将三种颜色箭头尽量对齐，如确实很难对齐，出现绿色对勾也可以，如果都调整到最大或最小值后还是达不到色温要求的话，那就是显示器过于老化，该换了。如图2-17所示。

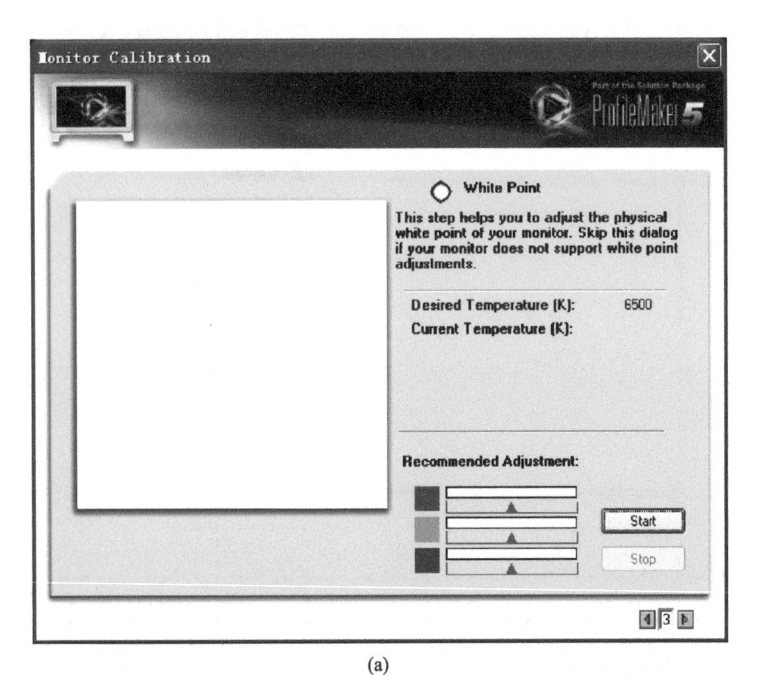

(a)

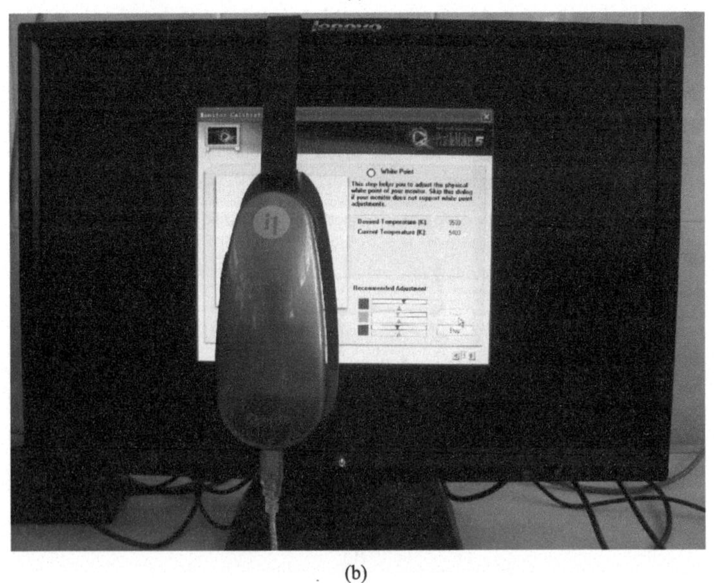

(b)

图2-17　白点色温调节

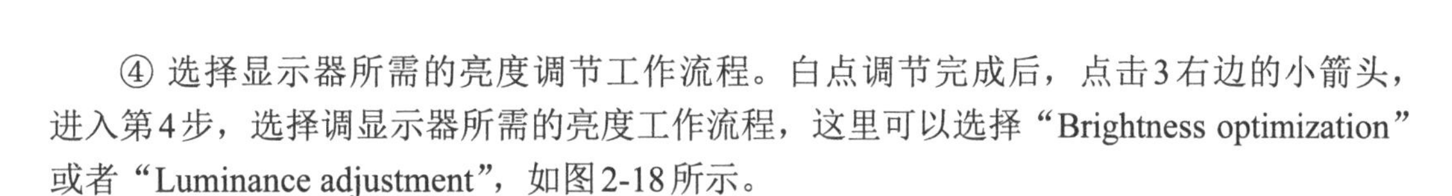

④ 选择显示器所需的亮度调节工作流程。白点调节完成后，点击3右边的小箭头，进入第4步，选择调显示器所需的亮度工作流程，这里可以选择“Brightness optimization”或者“Luminance adjustment”，如图2-18所示。

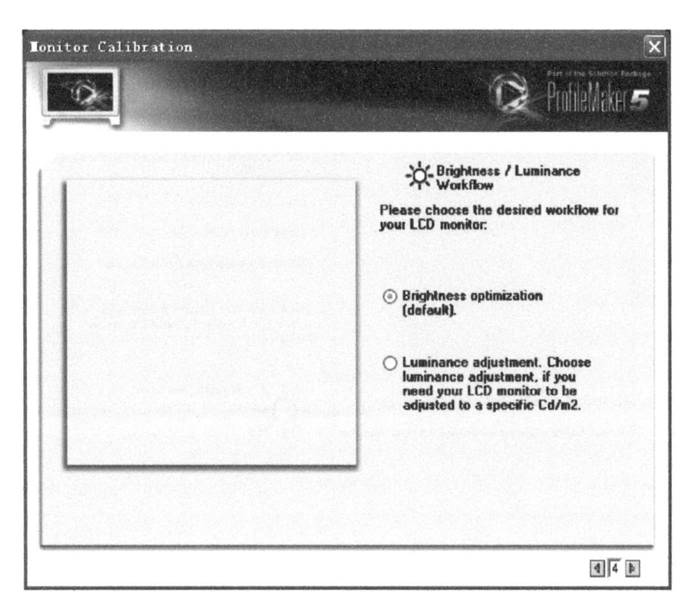

图2-18　亮度调节流程选择

⑤ 亮度调节界面。若选择“Brightness optimization”则可以进入第5步，如图2-19所示。将显示器亮度调到最小，点击“start（开始）”，然后逐步增加亮度，直到上下三角箭头对到一起。在这里，不稳定的显示器很难将亮度准确地对在一起，亮度会左右来回不定的移动，要仔细调整，保证箭头尽量接近。

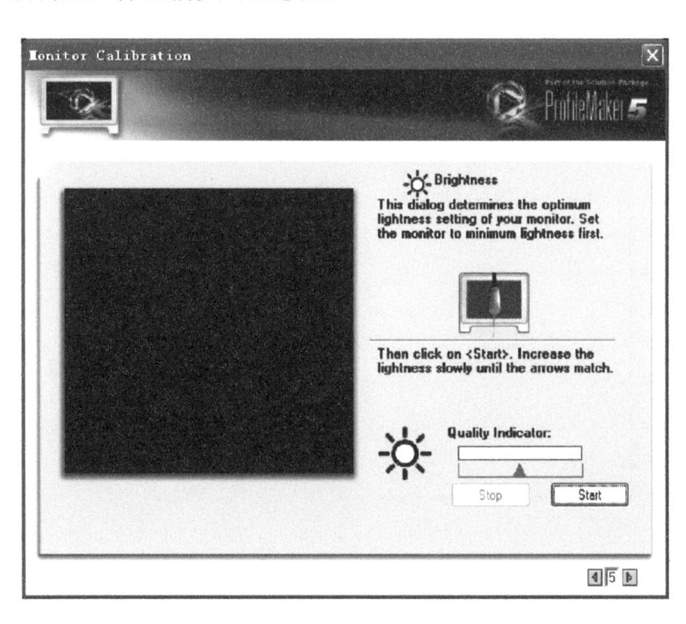

图2-19　Brightness optimization亮度调整

若选择的是“Luminance adjustment”，则第5步进入的明度调整界面，如图2-20所示。点击“Start（开始）”，直到绿色的箭头与灰色箭头对齐。

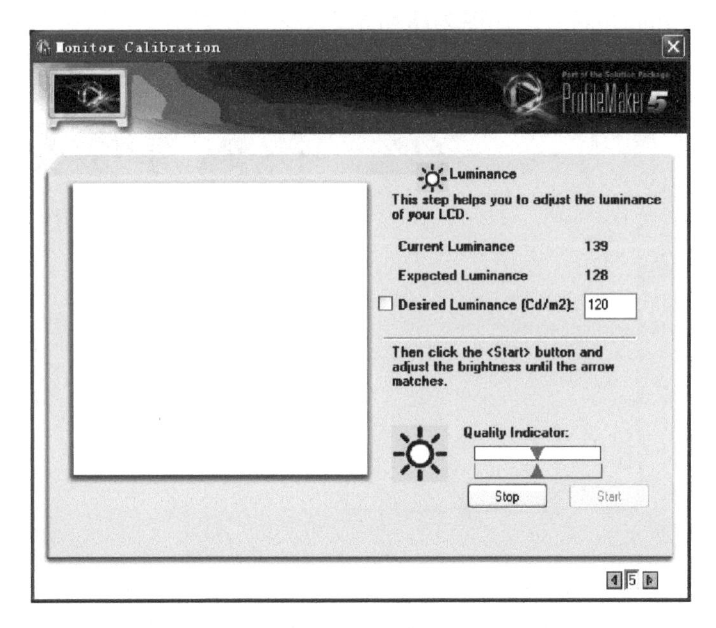

图2-20　Luminance adjustment明度调整界面

⑥ 调节显示器的白平衡。点击右下角的黑三角，进入第6步，放置好Eye-One，点击“Start（开始）”，开始自动测量42种标准颜色，这一步很重要，是测量生成显示器ICC的色块文件，如图2-21所示。

自动测量完成后，会提示你是不是保存测量数据，选择“确定”并保存文件，如图2-22所示。

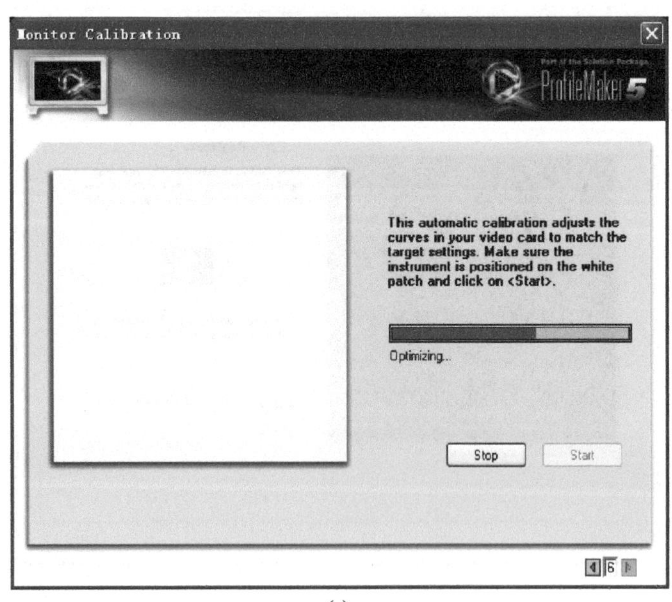

(a)

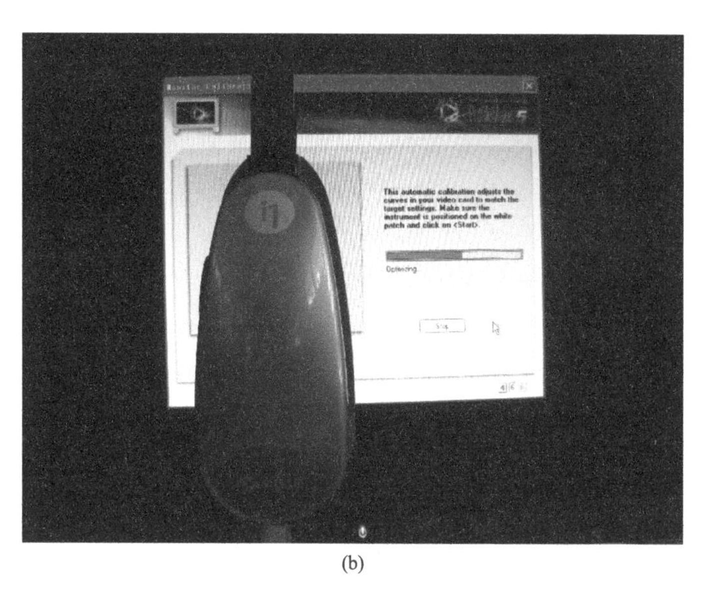

(b)

图2-21　自动调节白平衡

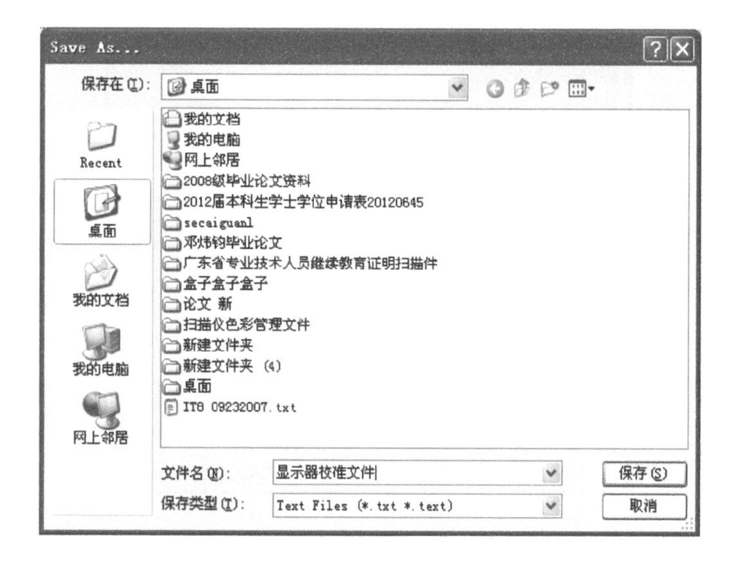

图2-22　保存显示器校正文件

课题五　显示器特性化

一、课题要求

掌握ProfileMaker 5.0显示器特性化过程。

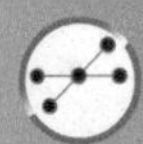

二、实训场地和实训条件

实训场地：色彩管理实训室。

实训条件：显示器、X-Rite Eye One分光光度计、Profile Maker软件。

三、实训指导

启动ProfileMaker软件后，选择MONITOR显示器（图2-23），并选择“Reference Data”，确定使用的显示器类型，纯平的CRT或液晶的LCD。

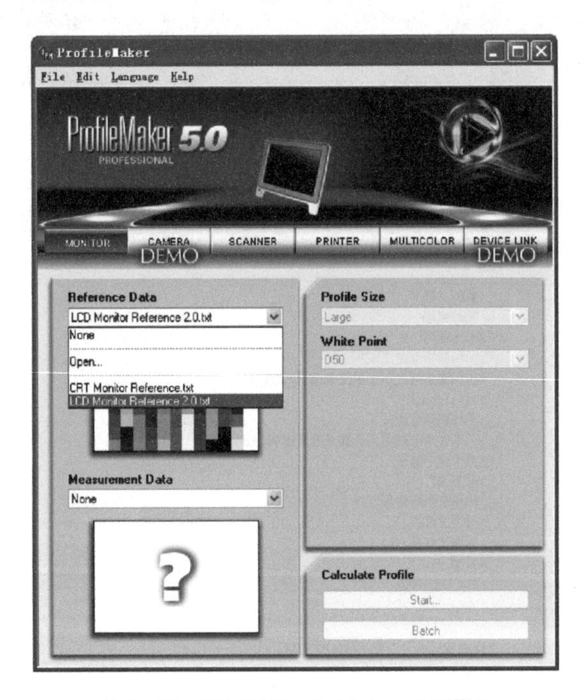

图2-23 显示器ProfileMaker 5.0界面

选择“Measurement Data”，确定使用的测量设备，支持Eye-One Pro、spectrolino、monitoroptimizer，如图2-24所示。这里使用Eye-One Pro，它要求将测量仪放在它的机座的标准白点上，校准仪器的标准白，如图2-25所示。

选择确定，软件会提示你是不是执行显示器校准，如图2-26所示。如果之前没有进行显示器校正，选择“确定”，软件会启动McasureTool的显示器校正功能（如课题四所述），校正结束后，软件跳入ProfileMaker界面，并加载校正测量数据。

“Profile大小”选择生成“Large”的ICC文件，这样准确性更高一些。“White Point”选择“D50”（即刚设置的白点），然后点击开始计算，并保存ICC文件（图2-27至图2-28）。计算保存完毕后，会提示是不是将生成的ICC文件作为显示器系统的特性文件（图2-29），选择“是”，就自动将此ICC加载为该显示器色彩管理文件。

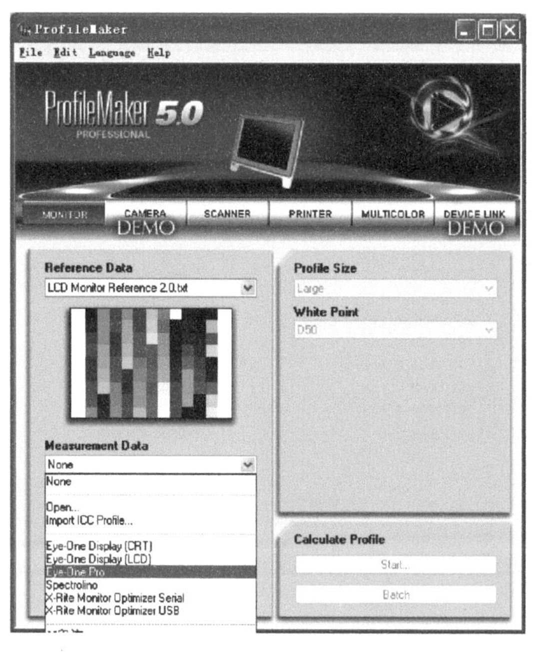

图2-24　Measuement Data选择

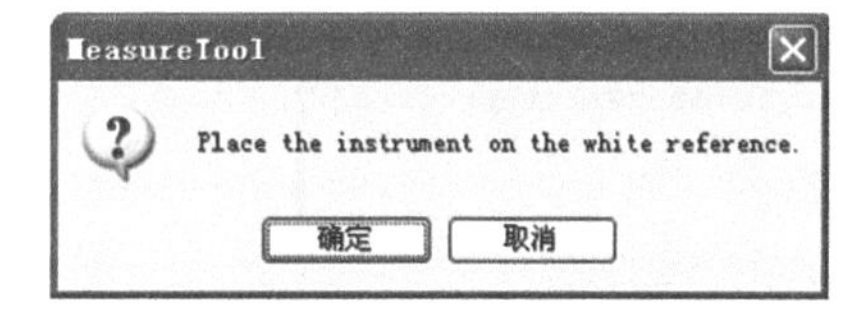

图2-25　校准Eye-One

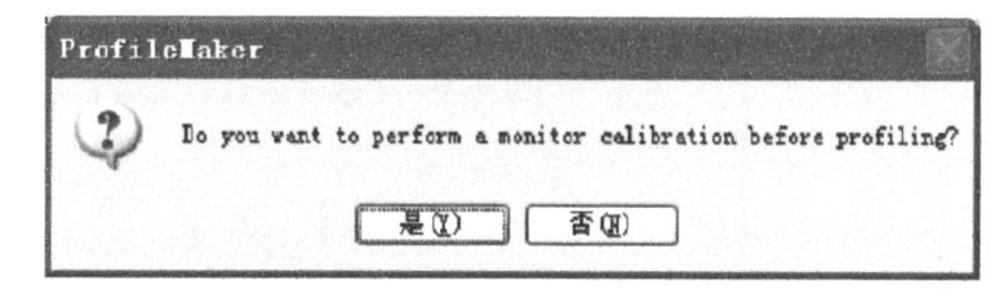

图2-26　是否执行显示器校正

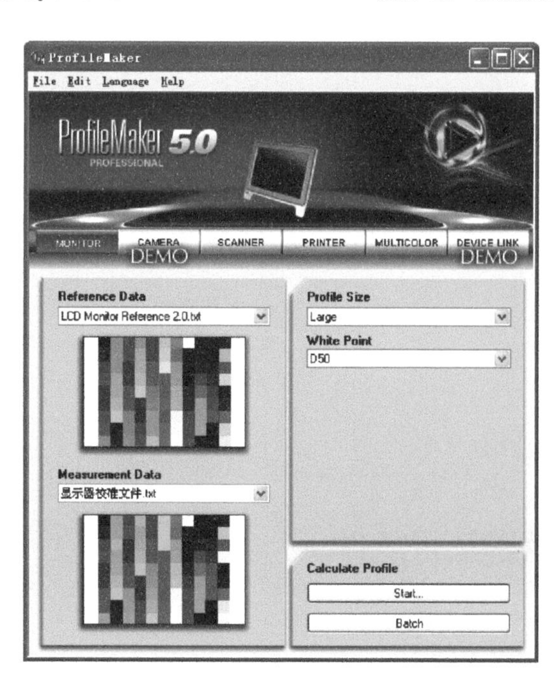

图2-27　显示器特性化

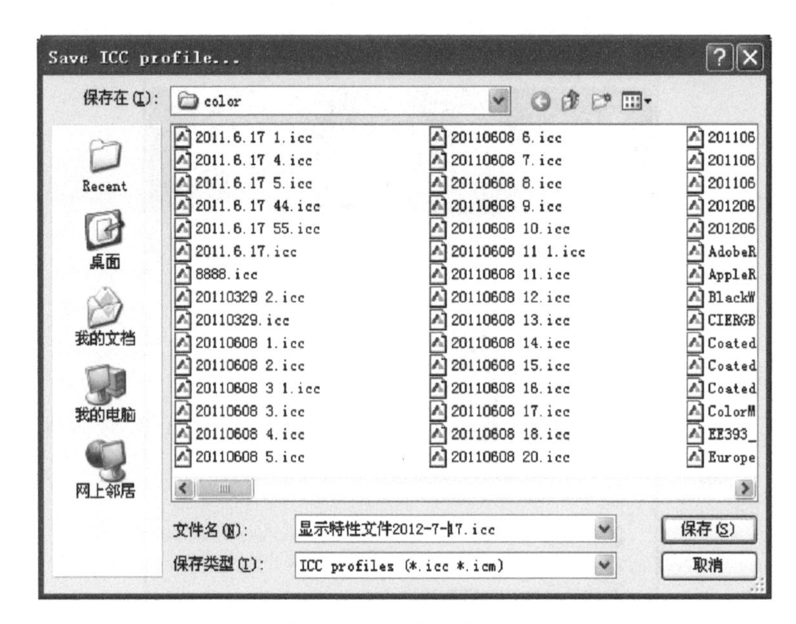

图2-28　保存特性文件

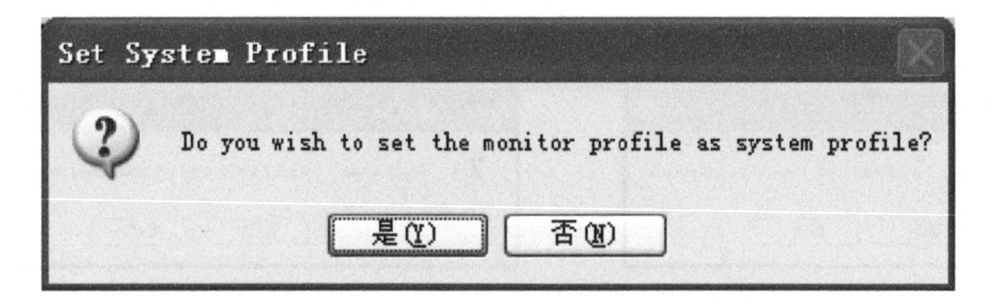

图2-29　是否将生成的ICC文件作为显示器系统的配置文件

课题六　显示器特性文件的使用

一、课题要求

显示器特性文件的使用。

二、实训场地和实训条件

实训场地：色彩管理实训室。

实训条件：显示器、计算机（Windows XP 系统）。

三、实训指导

显示器特性化后生成的特性文件会自动保存到计算机操作系统的相应位置，即C：/ Windows/systerm32/spool/driver/color，可从显示器属性“设置－高级－色彩管理”查看并调用。如图2-30所示。

(a)

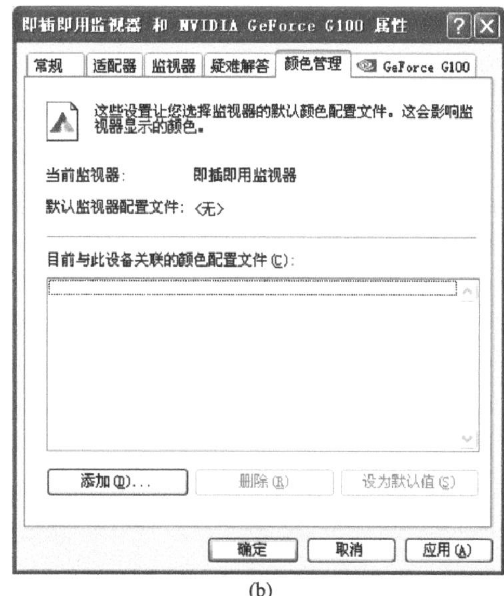

(b)

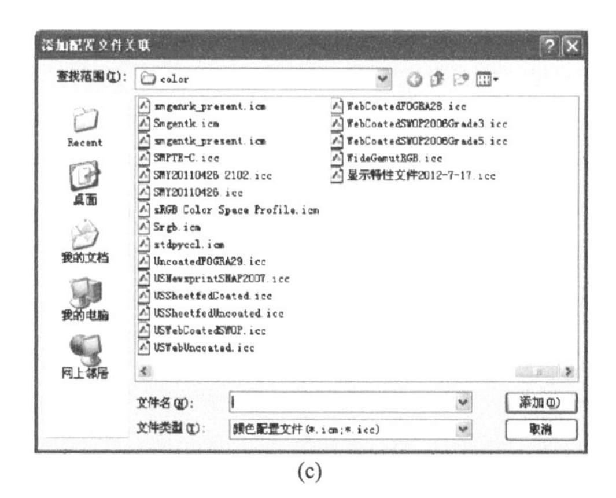

(c)

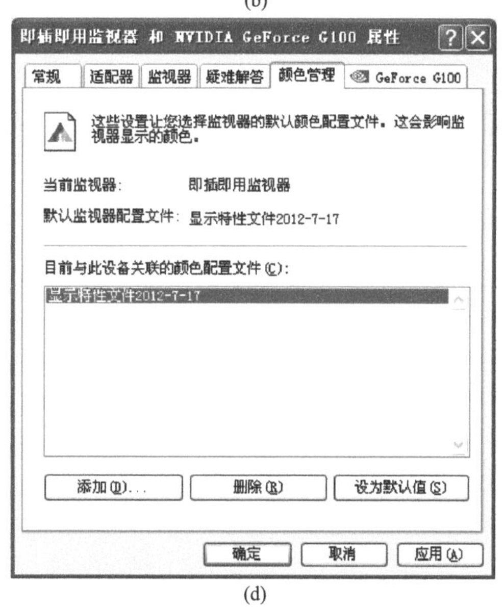

(d)

图2-30　Windows XP系统中显示器特性文件设置

思考题

1. 常用的显示器的校准方法有哪些?
2. 显示器校准的主要内容有什么?
3. 如何加载显示器的“Profile”?

单元 3

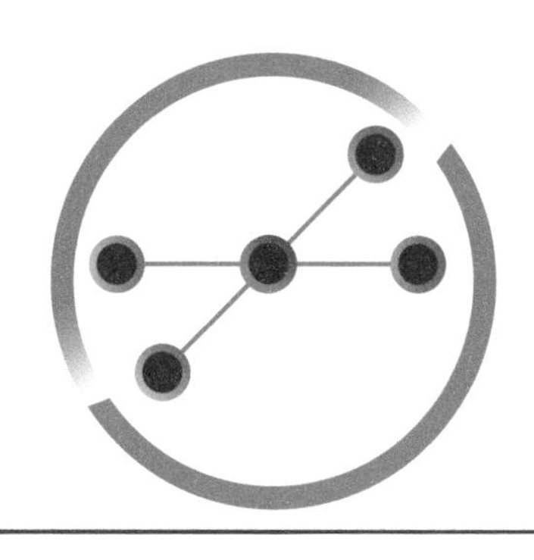

Unit 03

扫描仪的色彩管理

课题七 扫描仪的校正

一、课题要求

1. 了解扫描仪的基本类型。
2. 掌握扫描仪的校正方法。

二、实训场地和实训条件

实训场地：色彩管理实训室。

实训条件：Microtek ScanMaker S700扫描仪、扫描软件Microtek Scanwizard 5 Kodak IT8.7/2标准色标。

三、实训指导

（一）认识扫描仪的基本类型

扫描仪一般有滚筒式和平台式两种。两种的根本区别在于，平台式扫描仪的感光元件是电荷耦合器件（CCD），滚筒式扫描仪使用的感光元件为光电倍增管（PMT）。

1.平台式扫描仪

使用平台式扫描仪扫描，原稿图片放置在原稿平台上，扫描平台与光源相对运动，线状扫描光源逐行照亮原稿。原稿反射的彩色光线通过镜头成像在光电转换器件CCD上，所产生的红/绿/蓝模拟信号被A/D转换器变成数字图像信号。

2.滚筒扫描仪

使用滚筒扫描仪扫描，原稿图片贴附在扫描滚筒上，随滚筒高速旋转。扫描光源逐点照射原稿。原稿来的彩色光线通过镜头，经分光滤色系统到达光电转换器件PMT上，所产生的红/绿/蓝模拟信号被A/D转换器变成数字图像信号。

（二）扫描仪校正

1.扫描仪工作状态的判定

扫描仪何时需要校正，并没有一个严格的标准，但是，如果扫描仪遇到以下情况，通常需要校正。

① 更新扫描仪或扫描仪的某些元件时，如光源、镜片等。

② 扫描图像的色彩发生了十分明显的变化，包括图像突然过亮或过暗，或者图像的灰色区域突然出现明显的色偏。

③ 扫描仪应该定期检测扫描光源，当扫描光源老化时及时进行更换。

在实际生产中，往往通过扫描一些标准原稿对扫描仪工作状态进行判定，根据扫描图像情况决定是否需要对扫描仪进行校正。通常，以彩色模式扫描一条灰梯尺进行判断比扫描一张彩色图像判定的结果更简洁准确。

2.扫描仪校正

校正扫描仪的原则就是将扫描仪调校成能够忠实于原稿的阶调层次信息、色彩变化及灰平衡。扫描仪的校正通过调整扫描仪的白平衡来实现的，白平衡校正的作用是调整扫描仪三原色通道光学器件的最大输出工作电压，保证三通道信号混合中性色时达到均衡。

大部分的扫描仪在最初启动时都会自动校正，比如Microtek ScanMaker S700扫描仪在每次扫描前会执行自动扫描白平衡校正，如图3-1所示。

如果扫描仪没有自动校正功能，则必须手动校正完成扫描仪的白平衡。在购买扫描仪时，厂商会提供一份标准的反射和透射稿，如Kodak IT8.7/2标准色标，色标包括一条中性灰梯尺和部分彩色色块，使用这些专用的反射或透射色标，调节扫描软件中的高光、暗调数值及中间调的Gamma值，必要时调节红、绿、蓝单通道数值，使扫描图像的阶调、色彩与色标原稿一致，完成扫描仪的手动校正。

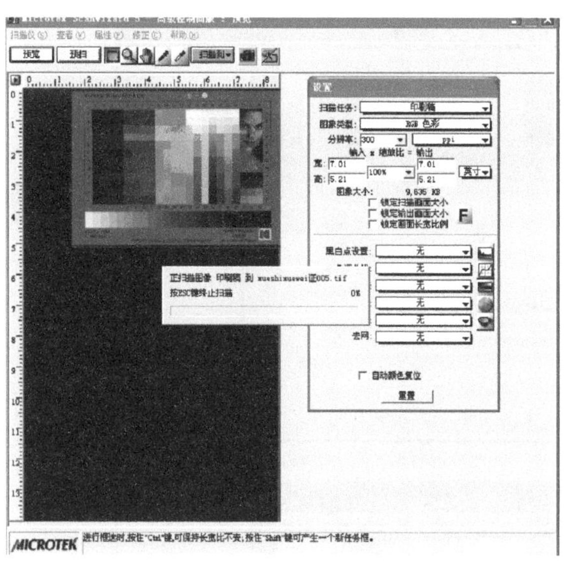

图3-1　扫描仪自动校正

手动校正操作过程如下。

① 打开扫描仪，预热30min，等扫描仪工作稳定后，将标准色标放置到扫描区，启动扫描软件，用RGB模式以缺省扫描参数扫描。如图3-2所示。

② 扫描完成后，在Photoshop中，测量标准色标中灰梯尺的数据，根据需要在扫描软件中调节高光值和暗调值，调节中间调Gamma值，以及单通道颜色数值，使每梯红、绿、蓝的数值大致相同，如图3-3所示。

根据需要的数据做完上述步骤后，扫描仪的校正完成。

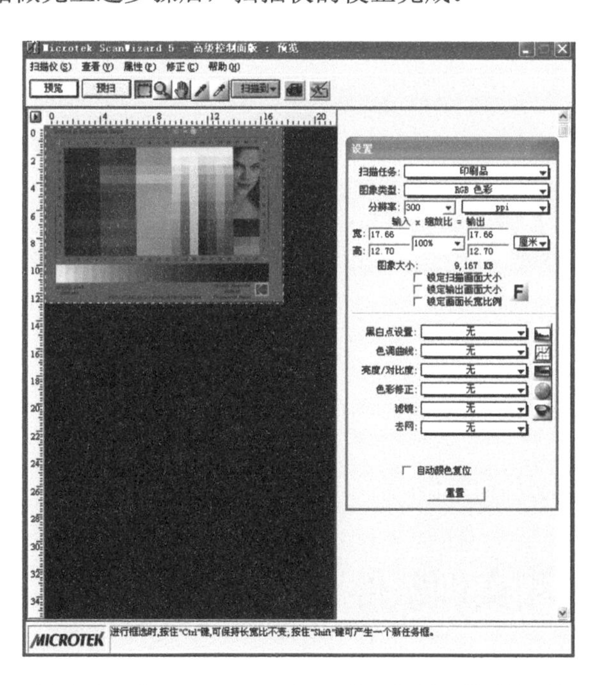

图3-2　Microtek ScanMaker S700扫描仪扫描界面

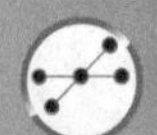

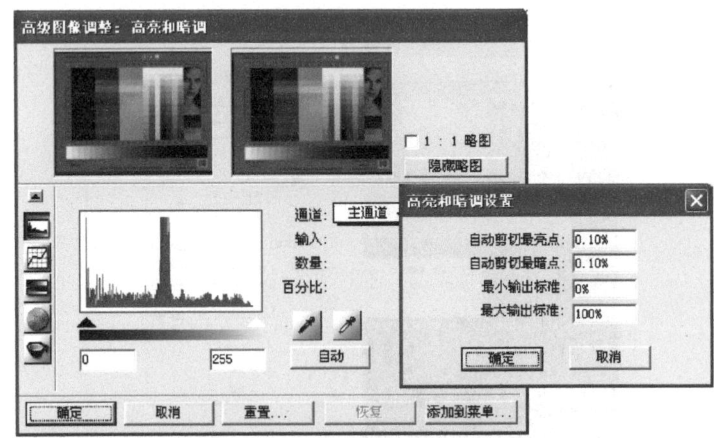

(a) 调节高光值、暗调值

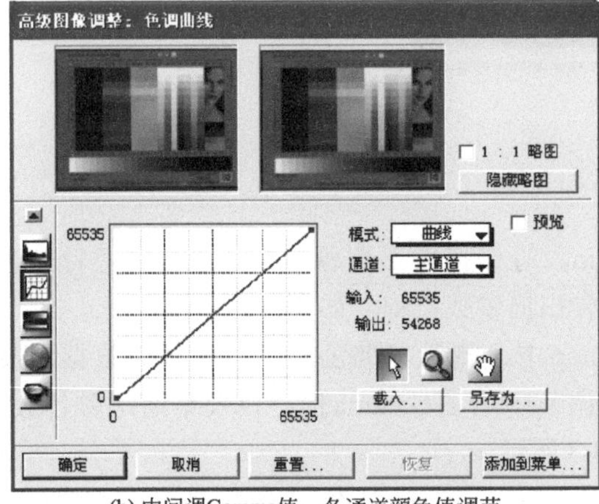

(b) 中间调Gamma值，各通道颜色值调节

图3-3 手动校正操作

课题八 扫描仪的特性化

一、课题要求

掌握扫描仪的特性文件的制作。

二、实训场地和实训条件

实训场地：色彩管理实训室。

实训条件：Microtek ScanMaker S700扫描仪和扫描软件Microtek Scanwizard 5 Kodak IT8.7/2标准色标、Profile Maker5.0色彩管理软件。

三、实训指导

（一）扫描标准色标

1.准备好色标

扫描常用的色标是IT8.7/1透射色标和IT8.7/2反射色标，下面使用IT8.7/2反射色标。保证色标清洁、无划痕、尽量不被磨损。

2.确保扫描仪正常工作

清洁扫描仪的玻璃面板，打开扫描仪预热30分钟，完成扫描仪的校正工作。

3.扫描

将标准色标Kodak IT8.7/2放置在扫描仪的扫描平台上，进行扫描，并保存扫描文件。扫描时要注意以下几点。

① 扫描中文件不能做放大或缩小处理，以100%方式扫描。

② 关闭扫描程序中的色彩管理功能，及其它自动调整功能。

③ 以RGB模式扫描色标，分辨率为300dpi，保存为TIFF格式。

④ 注意扫描文件命名，为了将来调用方便，建议以色标名称加扫描日期的命名方式进行保存。

⑤ 打开Photoshop检查扫描的色标是否有灰尘和划痕，并用Photoshop修复、保存，打开扫描图像，保存时不要加载任何特性文件。

（二）建立扫描仪特性文件

打开Profile Maker5.0色彩管理软件，在Profile Maker 5.0主界面上选择“SCANNER”选项，进入创建扫描仪ICC特性文件界面，如图3-4所示。

① 在“Reference Data”选项中选择与所用标准色标一致的文本参考数据。

② 在“Measurement Data”选项中，选择前面扫描的Kodak IT8.7/2的TIFF文件，这时候会弹出图3-5所示界面，在这里对扫描的图像进行裁剪，注意箭头拖动虚线到达四个角即可，下面的灰梯尺也应该包含在虚线框内，点击“OK”后，就可以返回扫描仪特性文件创建界面，此时界面变为图3-5的样子。

③ 在图3-6中选择“Calculate Profile”的“Start…”，软件开始自动生成ICC特性文件。文件缺省保存位置为系统色彩管理专门放特性文件放的文件夹。

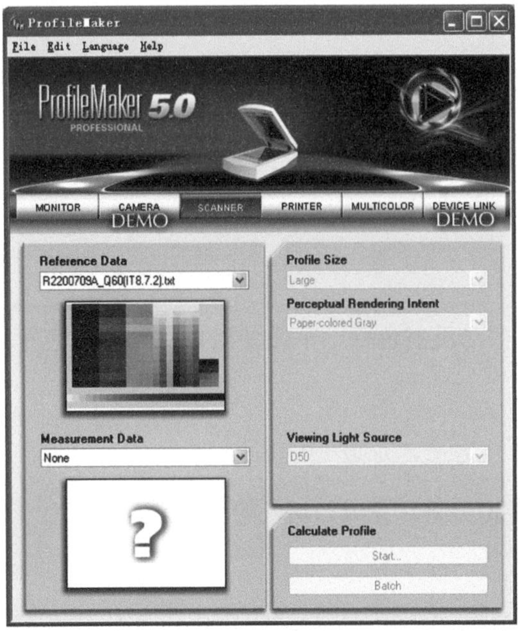

图3-4　ProfileMaker5.0扫描仪特性文件创建主界面

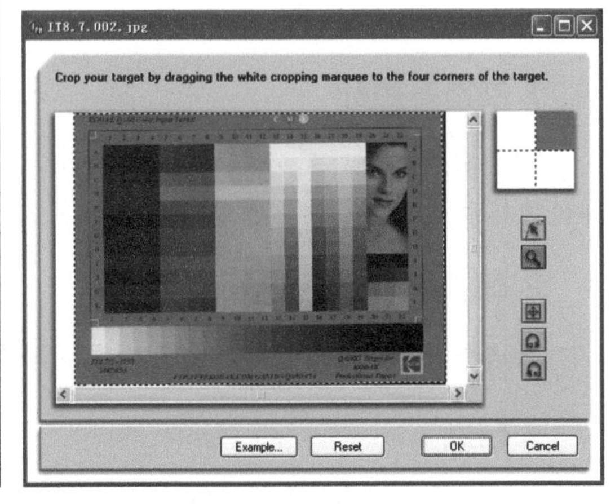

图3-5　导入测量数据

图3-6　置入扫描图像文件后的扫描仪特性文件创建主界面

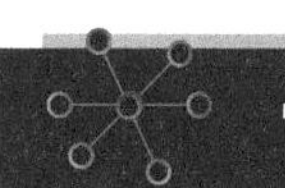

课题九 扫描仪色彩特性文件的应用

一、课题要求

掌握扫描仪的特性文件的应用。

二、实训场地和实训条件

实训场地：色彩管理实训室。

实训条件：Microtek ScanMaker S700扫描仪和扫描软件Microtek Scanwizard 5、Photoshop软件。

三、实训指导

（一）在Photoshop中指定扫描仪特性文件

在扫描存储图像文件时不嵌入ICC特性文件（图3-7），等到图像在Photoshop中打开时，再指定扫描仪的ICC特性文件给图像，这样保存时扫描的特性文件便嵌入到图像中去了。

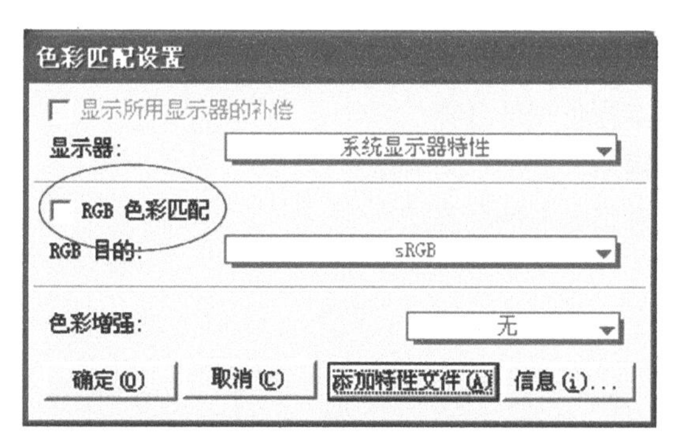

图3-7 扫描仪色彩匹配设置在存储时不嵌入ICC文件

在Photoshop中指定特性文件，可以在“编辑>指定配置文件”命令中实现。如图3-8所示，在图中选择“配置文件”命令，将前面建立的扫描仪特性文件在这里进行加载，保存时，在ICC特性文件的选项框打钩选中，实现了将特性文件嵌入该扫描文件。

图3-8　指定特性文件

（二）扫描软件中嵌入ICC特性文件

在扫描仪色彩配置选项下，选择"添加特性文件"，将扫描仪的特性文件加载到扫描程序中，这样可在扫描的同时将特性文件直接嵌入到图像中（图3-9）。在Photoshop中打开扫描图像时，Photoshop会提示图像有内嵌ICC特性文件。

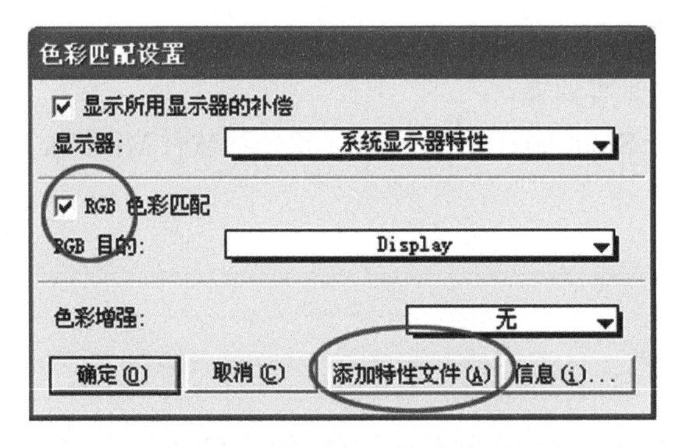

图3-9　设置扫描仪加载特性文件

思考题

1. 扫描仪一般在什么情况下需要校准?
2. 扫描仪校准的基本原则是什么?
3. 扫描仪特性化的常用标准色标有哪些?
4. 扫描仪的特性文件有哪些使用方法?

单元 4

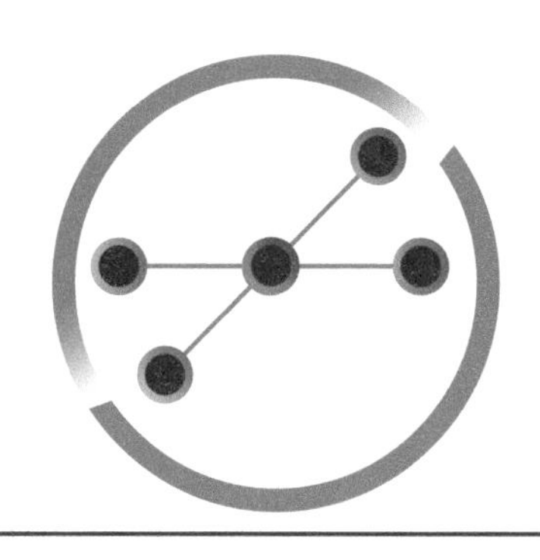

Unit 04

数码照相机的色彩管理

课题十 数码照相机的校准

一、课题要求

掌握数码照相机的校正方法。

二、实训场地和实训条件

实训场地：色彩管理实训室或摄影工作室。
实训条件：数码照相机、Expo Disc 白平衡滤镜等。

三、实训指导

数码照相机，是一种利用电子传感器把光学影像转换成电子数据的照相机。光线通过镜头或者镜头组进入照相机，通过成像元件转化为数字信号，数字信号通过影像运算芯片储存在存储设备中。

数码照相机的信号来自于物体本身，采用外部光源进行工作。光源可能是直接的太阳光，或多云天气的日光、白炽灯光、荧光灯等。这些光在光谱分布和强度上有很大不同，所以对拍摄有很大的影响。没有固定的光源条件，使得很难得到准确的特性文件。对于在可控条件下进行的拍摄，其色彩管理是可行的。所以，对数码照相机校正首先要确定拍摄的光源条件，只有在稳定的光源下才能校正数码照相机。

1.数码照相机校正前的准备工作

（1）测试环境照明状态

一方面是测试环境光源的标准，包括光源的色温、显色性等指标。标准的环境应该保持光源的色温为5000～6000K，光源的光谱功率分布为连续分布。以标准光源其显色指数为100，其余的光源的显色指数越接近100，事物在其灯光下显示出来的颜色与在标准光源下一致。

另一方面是对光源照射的均匀度的检测。可采用照相纸的背面作为测试工具，用照相机对相纸的背面进行拍摄，并查看拍摄图像上的数据，四个角的数值是否都接近255的值，如果没达到标准，需要对环境的光源与周围背景进行调整。

还要测试拍摄物体表的反射强度，光源到物体与镜头的位置，镜头是否与景物平行等。

（2）数码照相机校正前的设定

校正前的标准样必须固定于一个以中性灰色为背景的平板上，并且与数码照相机的镜头平行。不要使用变焦镜头以放大或缩小标准样，即保证在正常的焦距中标准样能正好位于整个取景区内。

在标准的两侧45°角上方放置两个光源，保证标准样完全被这两个光源照射。要确保色标被照的亮光尽可能均匀。要保证拍摄出来的色标尽可能方正，没有变形。如图4-1所示。

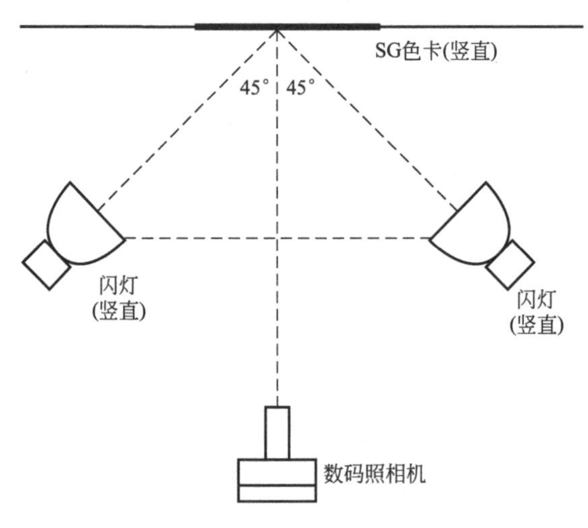

图4-1　数码照相机校正图示

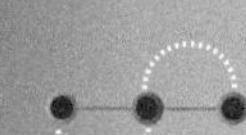

2.数码照相机的校正

数码照相机的校正是通过白平衡或灰平衡的调整来实现。白平衡为调整数码照相机红、绿、蓝三通道CCD的最大输出工作电压，并使三通道的信号等量的合成后产生中性色信号。灰平衡为调整各个通道，使能得到一个中性灰色。

一些三拍式照相机通过调整灰平衡来校正；采用彩色滤色片的照相机通过白平衡来校正。两者基本原理都相同。

下面以白平衡调整来进行说明。

绝大部分的数码照相机都具有白平衡功能。有的是自动白平衡；有的需要手动调整白平衡；有的兼有自动和手动白平衡功能。如图4-2至图4-3所示。

图4-2 大众型照相机白平衡模式

图4-3 专业型照相机色温数值设置

（1）自动白平衡

自动白平衡通常为数码照相机的默认设置，照相机中有一个矩形图，它可决定画面中的白平衡基准点，以此来达到白平衡调校。这种自动白平衡的准确率非常高。自动白平衡的对光线的色温自动控制范围约为2500～6500K，当光线色温大大超过该范围时，也会出现偏色的现象。

数码照相机白平衡的选项，一般的大众型数码照相机会以“情境模式”作为区分的对象；而专业数码照相机更可以依据“色温”度数的不同直接设定。这是因为，综合光源分析下，系统视觉大致知道色温偏差的范围，例如：“日光”（色温约6000K）、“阴天”（色温3500～4000K）、“荧光灯”也就是一般室内日光灯环境（色温约5500～–4000K），“灼光”、室内强光或100W以上之灯泡（3000～3500K）和照相机闪光灯等不同的选择。如表4-1所示。

表4-1　常见照相机白平衡模式下的色温对应值　　单位：K（开尔文）

数码照相机品种	白炽灯	晴天	闪光灯	多云	晴天阴影
尼康D3	3000	5200	5400	6000	8000
佳能EOS5D	3200	5200	6000	6000	7000
宾得K-7	2850	5200	5400	6000	8000
奥林巴斯E-3	3000	5300	5500	6000	7500
索尼a900	2800	5300	6500	6100	7500

除了自动白平衡，照相机内一般都有晴天、阴天、室内等多个预设白平衡模式可以使用。

（2）手动调节

手动设置白平衡的步骤为：首先要找一个白色参照物（有些照相机有白色镜头盖），把照相机变焦镜头调到广角端，将镜头用白色参照物覆盖（白色镜头盖盖上），把镜头对准标准光源，拉近镜头，指导整个屏幕变成白色，按照相机的白平衡按钮直到取景器中的手动白平衡标志停止闪烁，此时白平衡调整完成。不同的照相机可能会略有不同，具体参见照相机的说明书。

在设置手动白平衡时最好关闭曝光补偿。

当照相机突然进入超出色温控制范围的环境时，如需立即拍摄，往往会偏色，此时，需要手动校正白平衡后，再行拍摄。

（3）Expo Disc（白平衡滤镜）

还有一种白平衡工具Expo Disc（白平衡滤镜），无需灰卡和白纸，直接将此滤镜挂在照相机镜头之前，将照相机调为手动对焦，按下白平衡校正，Expo Disc特殊的滤光方式可直接产生如同灰卡般的效果，如图4-4所示。

图4-4　Expo Disc（白平衡滤镜）

如果照相机既不能进行白平衡校正，也不能进行灰平衡校正，那么该照相机不适合进行色彩管理。

课题十一 数码照相机特性文件的建立

一、课题要求

1. 了解数码照相机常见的检测与校正的色卡。
2. 掌握数码照相机特性文件生成的方法与基本步骤。

二、实训场地和条件

实训场地：摄影棚或色彩管理实训室

实训条件：数码照相机校正用色标（Macbeth ColorChecker色标或其他）、数码照相机、Eye-One Match软件。

三、实训指导

在完成照相机的校正后进行如下的操作。

1. 拍摄标准的色卡

① 在标准光源条件下，用数码照相机预览标准的ColorChecker 色标，并对色标进行裁切，确保拍摄的图像仅包含所需要的标准色卡中的色块。拍摄前，确定照相机的色彩管理功能关闭。

② 选择拍摄的精度与尺寸，确保拍摄图像的大小为750KB至2MB。

③ 将拍摄的色卡图像保存为RGB色彩模式的TIFF文件格式。

2. 制作数码照相机特性文件

① 打开专业色彩管理软件，选择需要制作ICC profile文件的设备，进入制作数码照相机ICC文件的界面，可选择“简易”模式或“高级”模式，下面选择“高级”模式，进入下一步操作。如图4-5所示。

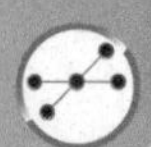

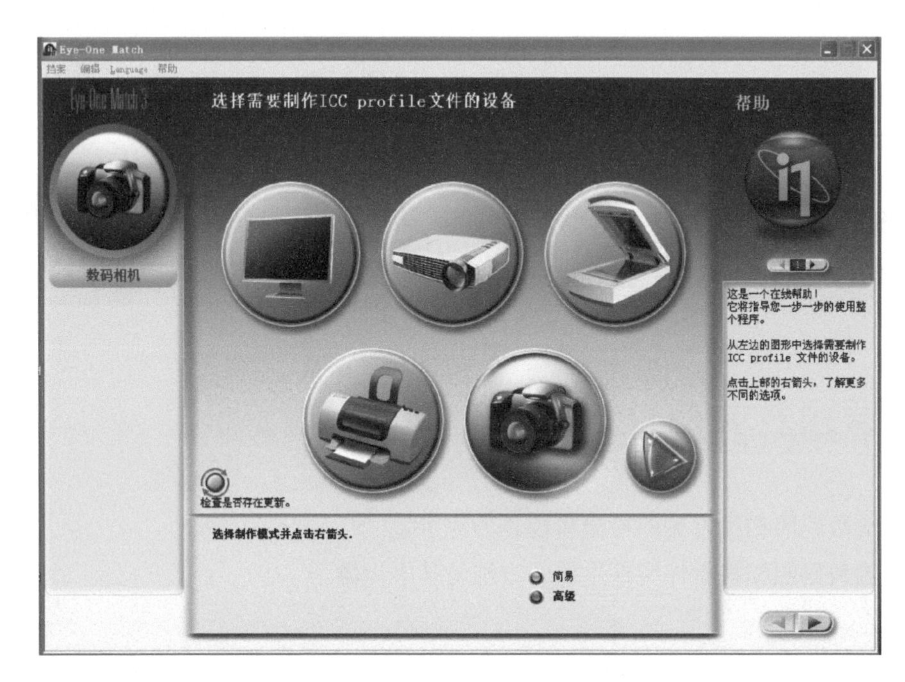

图4-5　Eye-One Match主界面

② 拍摄Color Checker SG色标，在准备好的灯光照明条件下，拍摄色标。拍摄时除了数码照相机的白平衡调整之外，关闭所有可能改变图像颜色的功能。拍摄后的色标照片白场的RGB值应在210～245，黑场的RGB值应在20以下。同时要注意拍摄到色标上的所有色块，尽可能地拍大一点。如图4-6所示。

图4-6　拍摄色标

③ 载入色标的数码照片到Eye-One Match中，点击下一步。如图4-7所示。

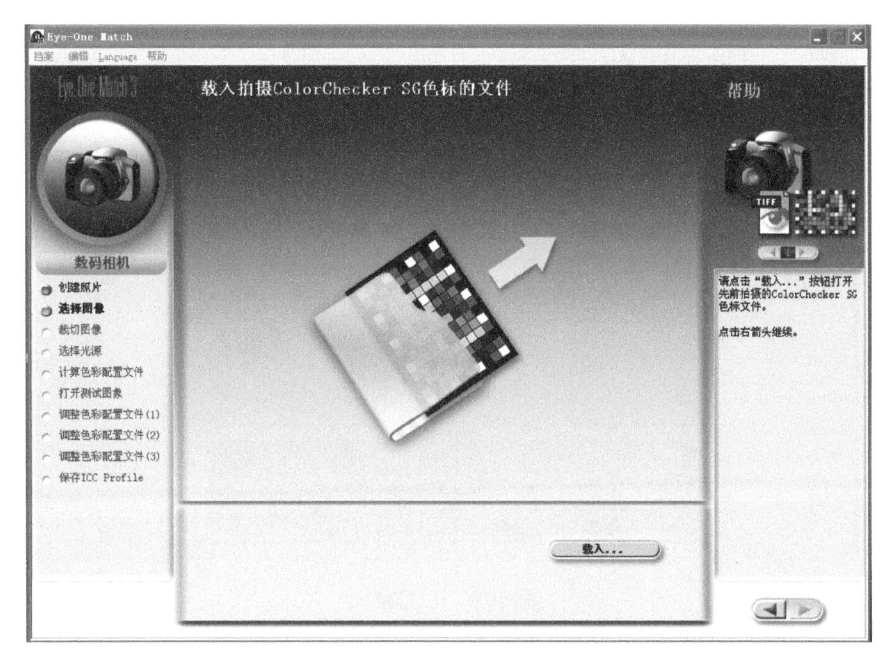

图4-7　载入照相机拍摄的色标界面

④ 成功载入色卡的数码照片后，裁切照片到适当的尺寸，如图4-8所示，裁切色卡之外的无关内容。裁切图像后，点击下一步，裁切的图样与标准图样进行比较，如图4-9所示。比较两图样是否一致（比对四个角的色块），如果不一样，需要退回上一步重新裁切。

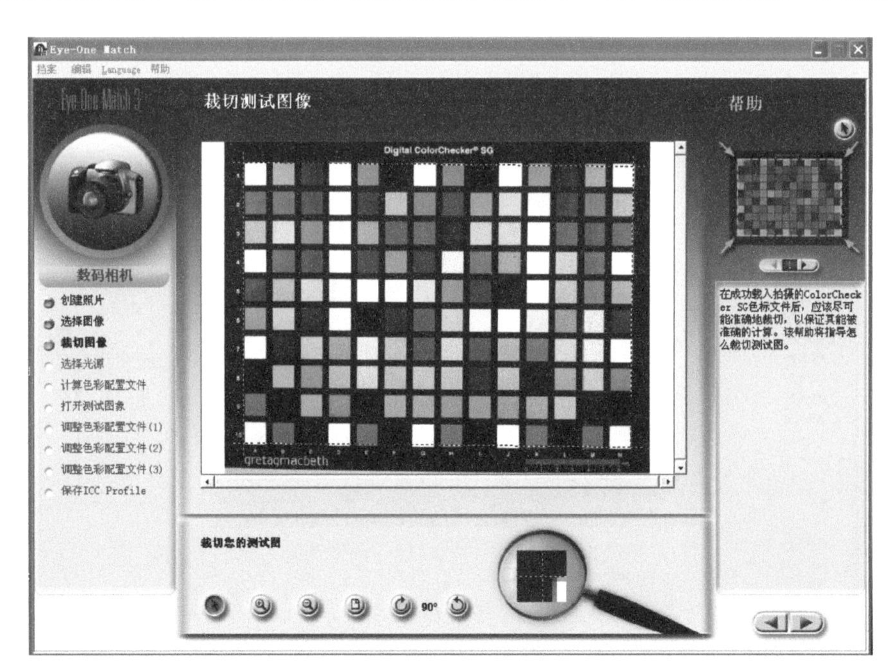

图4-8　裁切测试图像

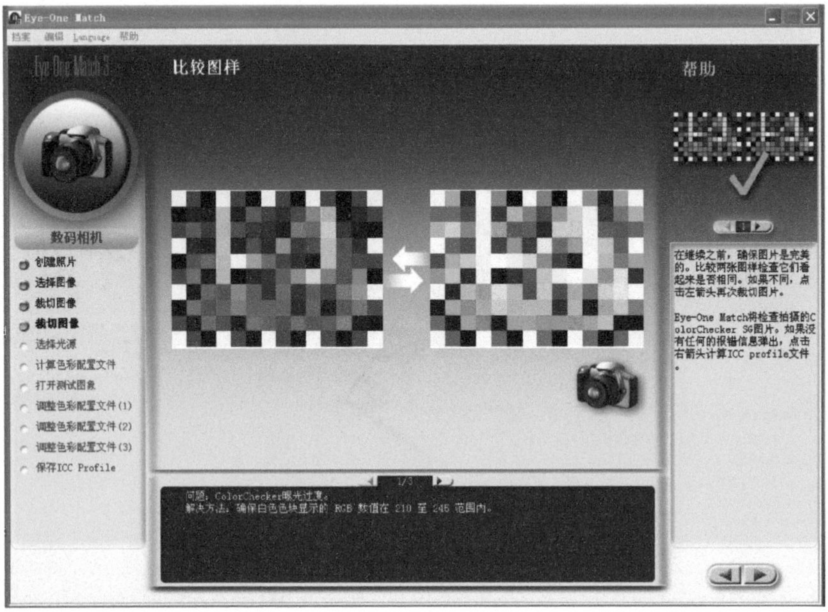

图4-9 比较图样

⑤ Eye-One Match会对拍摄的色卡照片进行检查，如果存在问题，会弹出相应的报错信息，根据报错信息，查找原因，重新拍摄，如没有问题，点击箭头进入下一步。

⑥ 选择光源。如果知道拍摄光源的色温接近标准光源色温，则从下拉菜单中选择。常用的标准光源有D50（色温5000K）、D55（色温5500K）、D65（色温6500K）。一般情况下的闪光灯通常接近D50，如果所使用的Eye-One能测量环境光线，建议使用它测量光源，如图4-10所示。若选择测量照明光源，将集光罩和黑色的校准罩安装在Eye-One上，

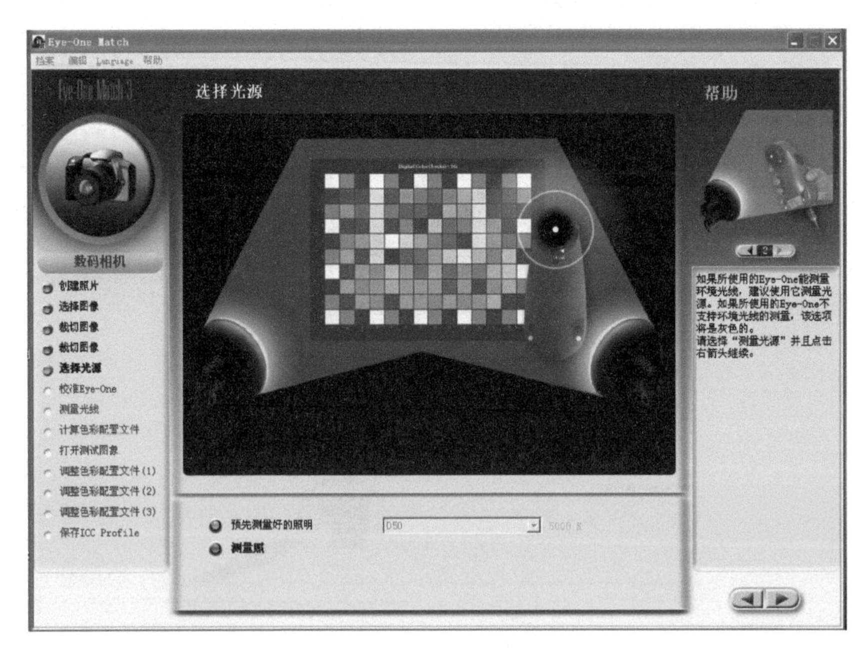

图4-10 选择光源

点击校准成功后，就可以测量环境光源，如图4-11至图4-12所示。选择要测量的是闪光灯还是持续光源，将Eye-One朝向光源并按住“测量”按钮。如果是闪光灯，需要按住“测量”按钮并触发闪光，在闪光后才松开按钮。在测量之后Eye-One Match将显示测量所得的色温和照度值，如图4-13所示。选择“保存变化”来保存测量的光源数值。如果不想保存光源数值，那么此光源数值只在本次ICC profile计算中使用。

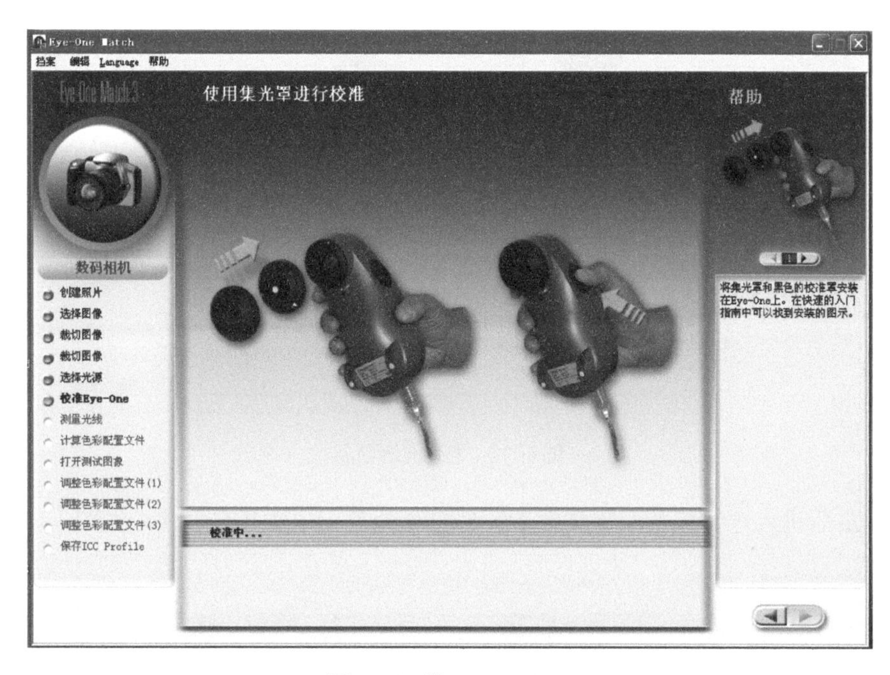

图4-11 校正Eye-One

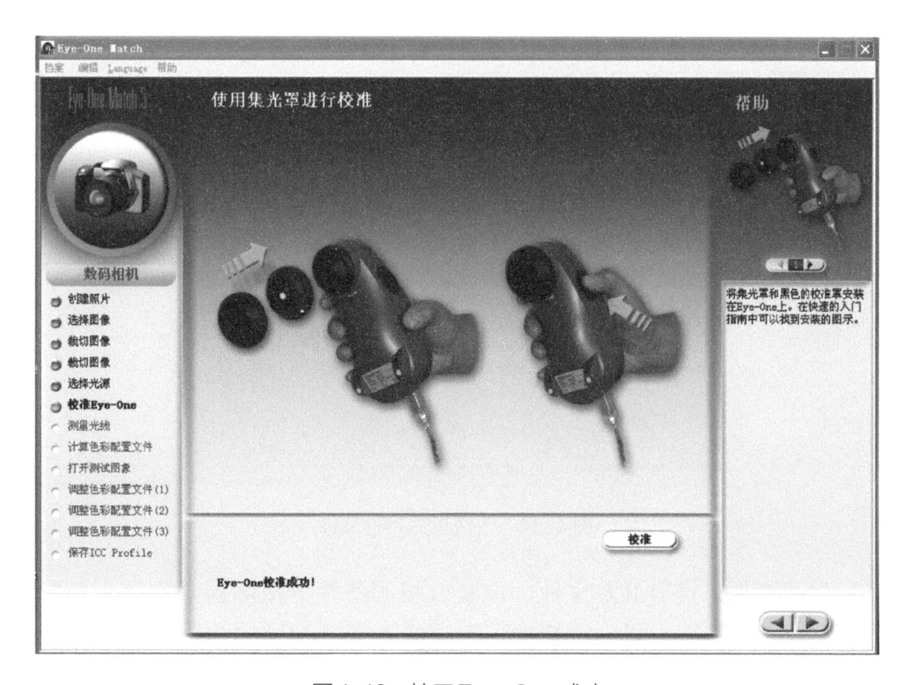

图4-12 校正Eye-One成功

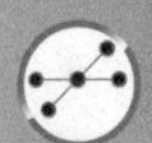

图4-13 测定光源色温

⑦ 点击后进入计算色彩配置文件：软件自动计算、生成ICC文件，如图4-14所示。

图4-14 生成ICC特性文件

⑧ 打开测试图像，调整ICC文件，需要以相同条件下拍摄的照片作为参照。首先载入相同条件下拍摄的照片（同一照相机，相同的光源，相同的拍摄距离和角度，相同的拍摄参数等），如图4-15所示。

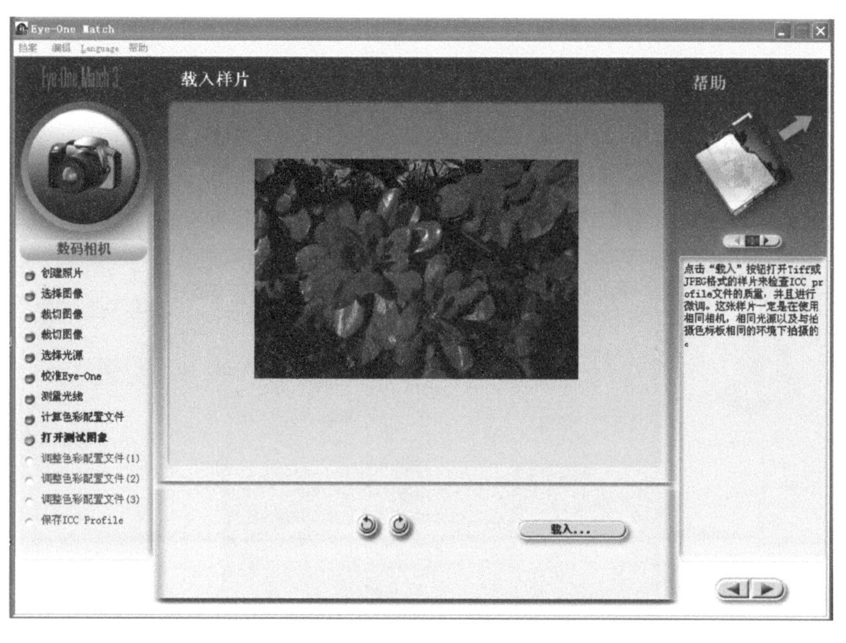

图4-15　载入样片

载入照片后点击下一步，开始ICC文件的调整。调整分三步进行，分别调整亮度，饱和度和暗调的层次。

a.调整密度和对比度。进入亮度和对比度调整界面，如图4-16所示。左右是亮度的变换，左边亮度减小，右边亮度增大；上下是对比度的变化，上边对比度增大，下边对比度减小。选择最理想的亮度和对比度的图样后，该图样会自动置于中间绿框内，具体操作可参考提示。

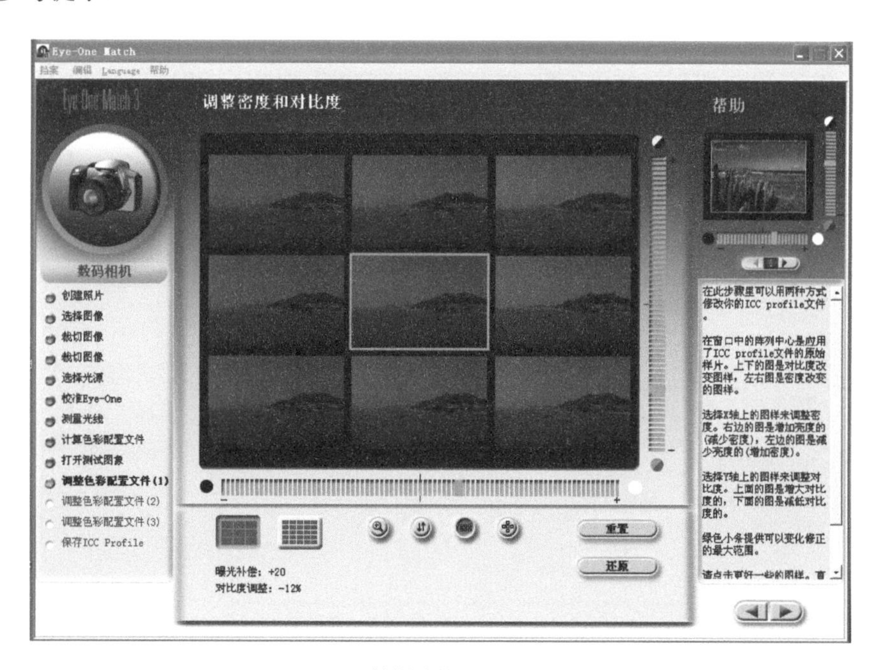

图4-16　调整样片的密度和对比度界面

b.调整饱和度。完成亮度和对比度的调整后，进入下一步，进行饱和度调整。如图4-17所示，左右样图是暗调区域的饱和度变换，左边饱和度减小，右边饱和度增加；上下样图是亮调区域饱和度的变化，上边是饱和度增加，下边是饱和度减小。选择最理想的图样后，该图样会自动置于中间绿框内，具体操作可参考提示。

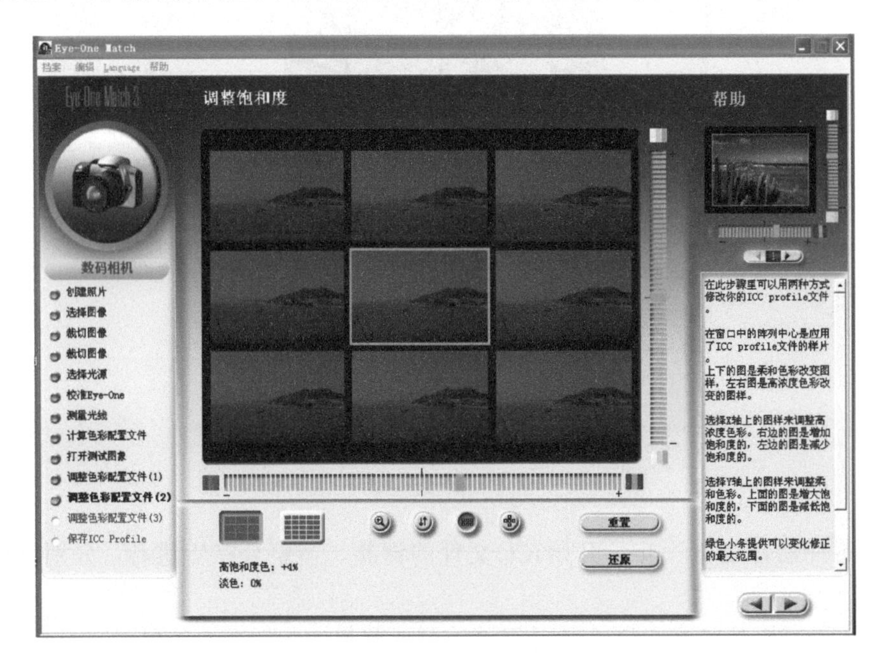

图4-17　调整样片的饱和度界面

c.调整暗调区域的层次。调整好饱和度后，进入暗调区域的层次调整。如图4-18所

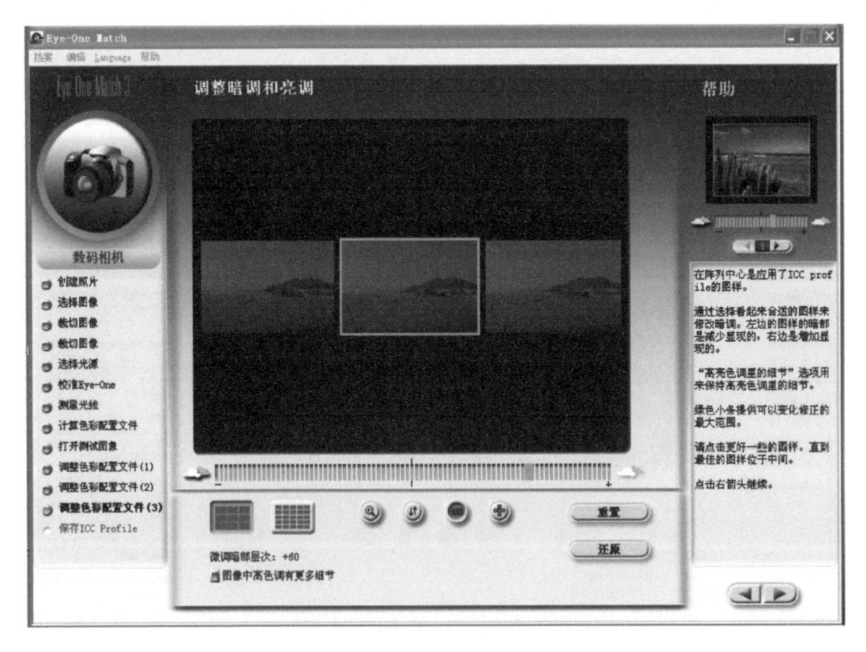

图4-18　调整样片暗调区域界面

示，左右样图是暗调区域层次的变化，左边拉升暗调区域的层次，增加图样的细节；右边压缩暗调区域的层次，减少细节；调整好暗调的层次后，选择“图像中高色调有更多细节”，软件对ICC文件自动调整，增加高光调区域的层次，使其具有更多的细节。

⑨ 调整后完成后，软件重新计算生成ICC文件，点击保存ICC文件。如果你需要根据其他样图建立不同的ICC文件，选择“使用不同的图样重新操作”，如图4-19所示，载入新的样图，根据样图调整ICC文件，制作出不同的ICC文件。

图4-19 保存特性文件界面

课题十二 数码照相机色彩特性文件的应用

一、课题要求

1. 了解数码照相机的特性文件。
2. 熟悉数码照相机的特性文件的特性。
3. 掌握数码照相机的特性文件的应用。

二、实训场地和实训条件

实训场地：色彩管理实训室。
实训条件：数码照相机、Photoshop软件。

三、实训指导

1.导入特性文件

通过色彩管理软件制作得到特性文件后，应将特性文件保存在电脑的指定文件夹中。

2.特性文件的应用

得到数码照相机的特性文件后，可以到图像处理软件中对所拍摄的图像进行特征文件的指定。通过指定特性文件，利用色彩管理的方式自动校正数码照相机拍摄图像的色彩。

（1）指定数码照相机的特性文件

指定数码照相机的特性文件的方式，可通过Photoshop软件的“指定配置文件”的命令来实现，如图4-20所示。

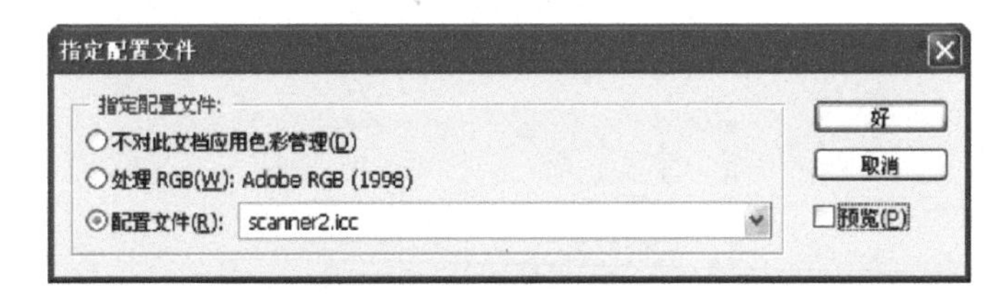

图4-20　指定特性文件

需要特别注意的是，在使用数码照相机特性文件时需要根据用户的偏好、环境的特征、照明情况等多方面的因素进行不同特性文件的指定。

从数码照相机的ICC文件的制作过程中，可以知道，不同的拍摄光源，所建立的ICC文件时不同的，而且针对不同的图样，也可以建立不同的ICC文件。因此，数码照相机的ICC文件具有不确定性，拍摄的光源多种多样，且加上室内室外的影响等。可以针对这一问题，对不同的拍摄环境进行分类，建立几个典型的ICC文件。比如，对于室内拍摄，可以统一拍摄环境，使用相同的标准光源，建立一个具有代表性的ICC文件，作为室内拍摄照片的颜色特性文件。

对于室外环境的拍摄，主要的影响因素是光照条件，可以选取晴天和阴天的早晨、正午、下午等几个具代表性的时段（色温的不同），分别建立ICC文件，代表这些色温的日光下数码照相机的ICC颜色特性。

思考题

1.用一张白色复写纸或白色T恤衫进行白平衡，这样正确吗？

2.数码照相机的自动白平衡在什么情况下不能正常工作？

3.数码照相机特征化时应注意的因素有哪些？

4.数码照相机的特性文件生成过程中Eye-One Match会对拍摄的色卡照片进行检查，常见的报错问题有哪几种？

单元 5

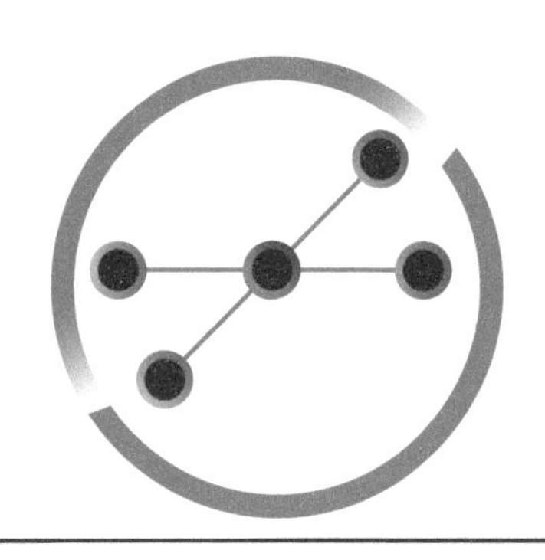

Unit 05

数码打样机的色彩管理

课题十三　数码打样机的校准

一、课题要求

1. 掌握在EFI中数码打样设备的线性化方法。
2. 了解EFI数码打样软件的使用。

二、实训设备和条件

实训设备：数码打样室或色彩管理实训室。

实训条件：EPSON 4880C数码打样机、EFI Colorproof XF数码打样软件X-Rite Eyeone分光光度计、数码打样纸。

三、实训指导

在EFI中数码打样设备的校正称为数码打样机线性化，介绍EFI数码打样机线性化的流程。

① 开启EFI的服务程序，打开EFI Colorproof XFClient，运行程序。

② 根据使用打印机的情况对Linerazation Device做好相关设置，并保证Linerazation工作流程是畅通的，即显示为绿色箭头，如图5-1所示。

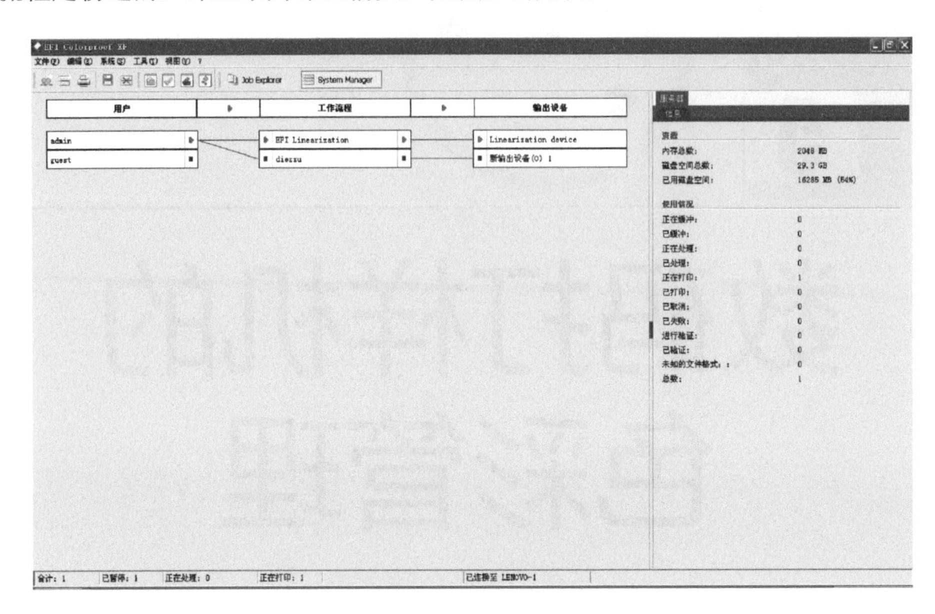

图5-1　EFI工作界面

③ 打开工具栏上的“Color Manager”工具，得到如图5-2所示的界面。

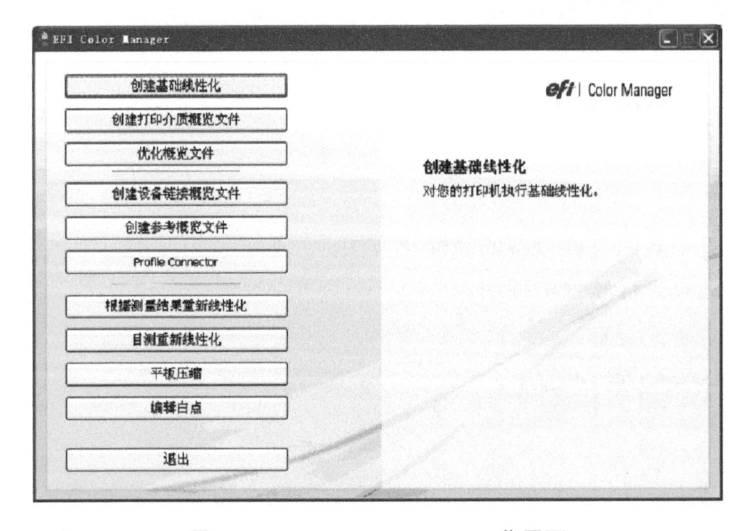

图5-2　EFI Color Manager工作界面

④ 选择“创建基础线性化”，进入如图5-3所示的界面，对打印机进行线性化。确保Eye-One分光光度计连接在电脑上，选择测量设备。分别设置打印机的分辨率、颜色模式、墨水类别、打印模式、抖动模式，打印介质类型以及线性化意向。高级的按钮内为更多的深色墨中是否用浅色墨，用量多少，可以使用默认选项（注意：左边有提示，可以按提示一步一步进行操作）。

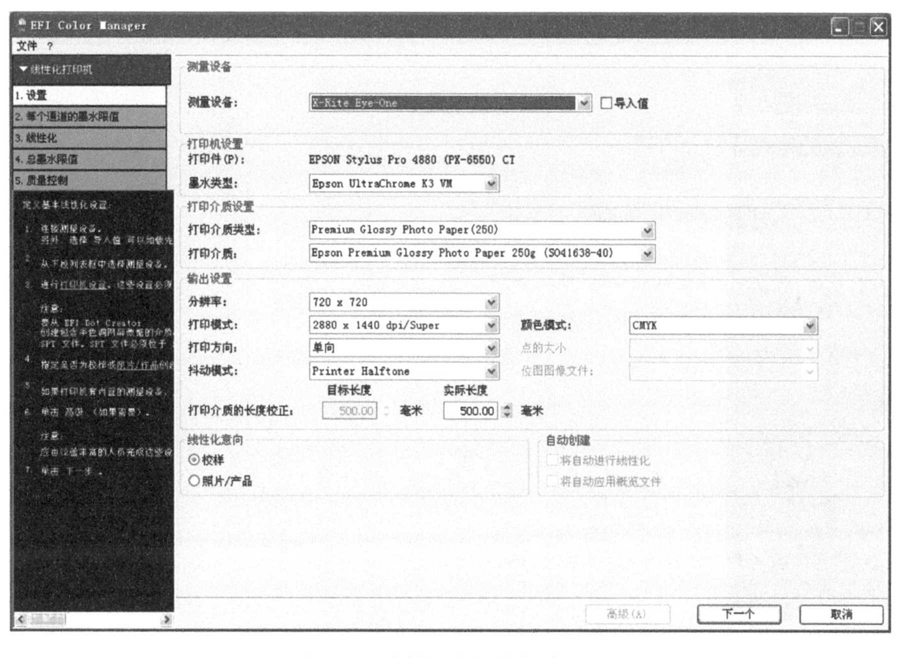

图5-3 线性打印机的参数设置

⑤ 参数设置完成后，点击下一个进入“每个通道的墨水限量”测量界面，如图5-4（a）所示。选择打印，然后打印机会打印出色表样张，以供测量使用。待样张干燥后，点击“测量”按钮，使用Eye-One测量样张，即可自动生成每个通道的墨水限量，如图5-4（b）所示。

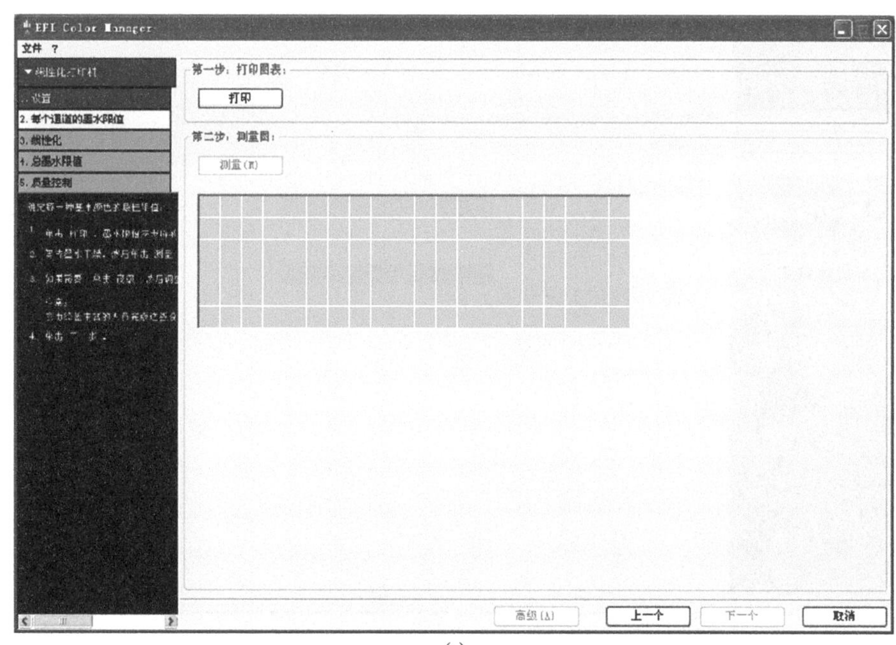

(a)

图5-4

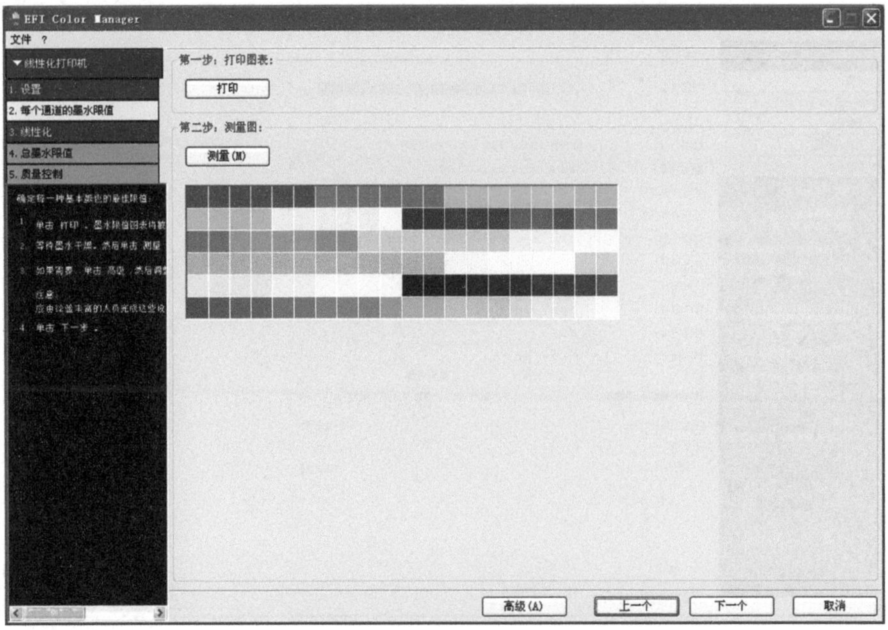

(b)

图5-4 “每个通道的墨水限量”样张的测量

⑥ 测量结束后点击下一个进入“线性化”测量界面。选择打印，然后打印机会打印出色表样张。待样张干燥后，点击“测量”按钮，使用Eye-One测量样张，获得如图5-5所示的色表。

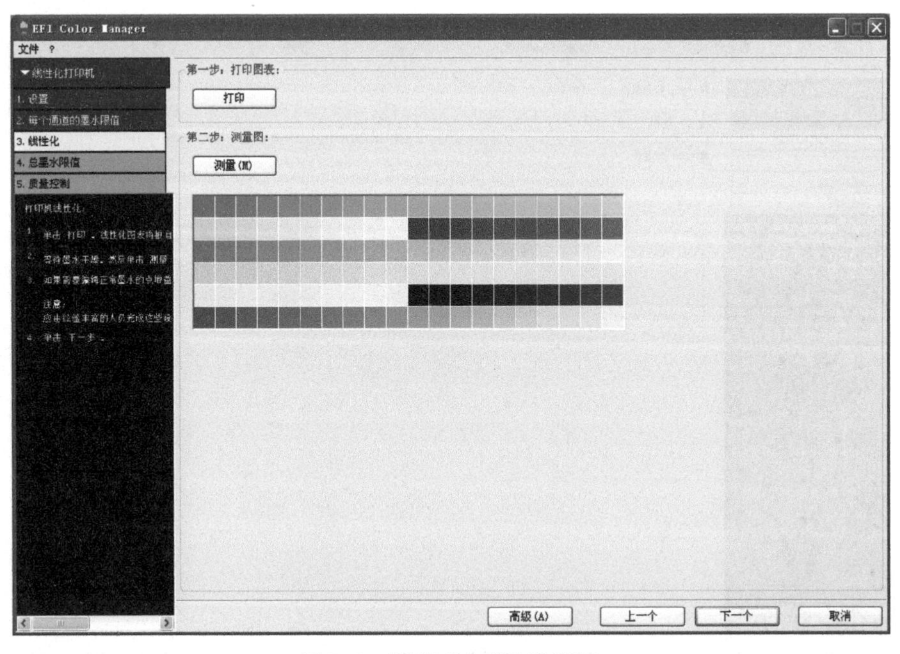

图5-5 “线性化”样张的测量

⑦ 测量结束后点击下一个进入“墨水总量”测量界面。选择打印，然后打印机会打

印出样张。待样张干燥后，点击“测量”按钮，使用Eye-One测量样张，获得墨水总量值，如图5-6所示。除了使用Eye-One测量样张外，还可以采用目测或数值进行墨水总量定义。

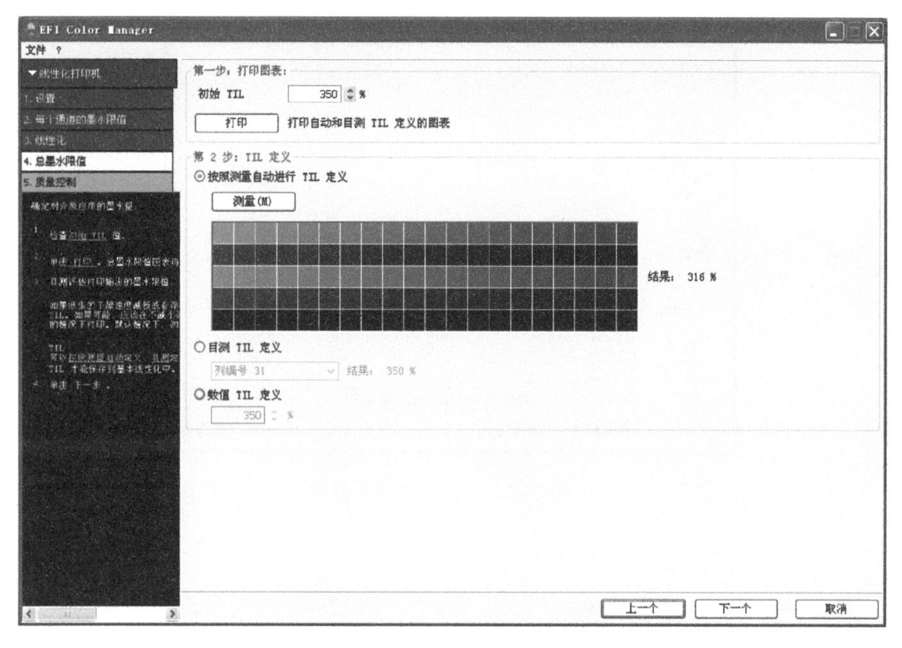

图5-6 “墨水总量”样张的测量

⑧ 测量结束后点击下一个进入“质量控制”测量界面。选择打印，然后打印机会打印出样张。待样张干燥后，点击“测量”按钮，使用Eye-One测量样张，如图5-7所示。另外，点击“创建报告”还可以创建一个Tif图的校准总体报告文件。

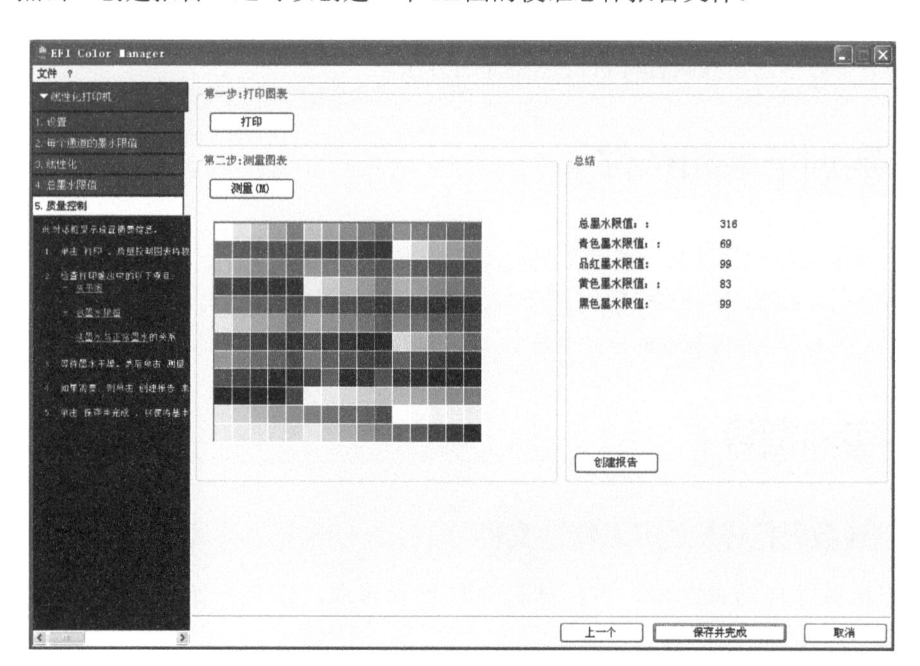

图5-7 “质量控制”样张的测量

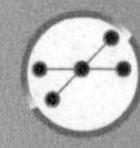

⑨ 测量完成后，点击“保存并完成”，即可提示线性化制作已完成并保存好EPL文件，如图5-8所示。到这里设备的线性化工作完成。

图5-8　保存线性化文件

课题十四　数码打样机特性文件的建立

一、课题要求

掌握在EFI中创建数码打样机特性文件的方法。

二、实训场地和条件

实训场地：色彩管理实训室或数码打样工作室。

实训条件：EPSON 4880C数码打样机、EFI Colorproof XF数码打样软件

X-Rite Eyeone分光光度计、数码打样纸、符合要求的印刷标准样张

三、实训指导

1.创建数码打样机的ICC特性文件

打印机线性化结束之后，对打样机进行色彩管理，建立打印介质的ICC特性文件（软件中称为概览文件）。

① 在EFI“Color Manager工作界面”，点击“创建打印介质的概览文件”，进入图5-9

所示界面。设置测量设备，确定设备连接正常。选择之前创建的线性化文件为基础线性化设置，选择打印色标（一般使用IT8）。

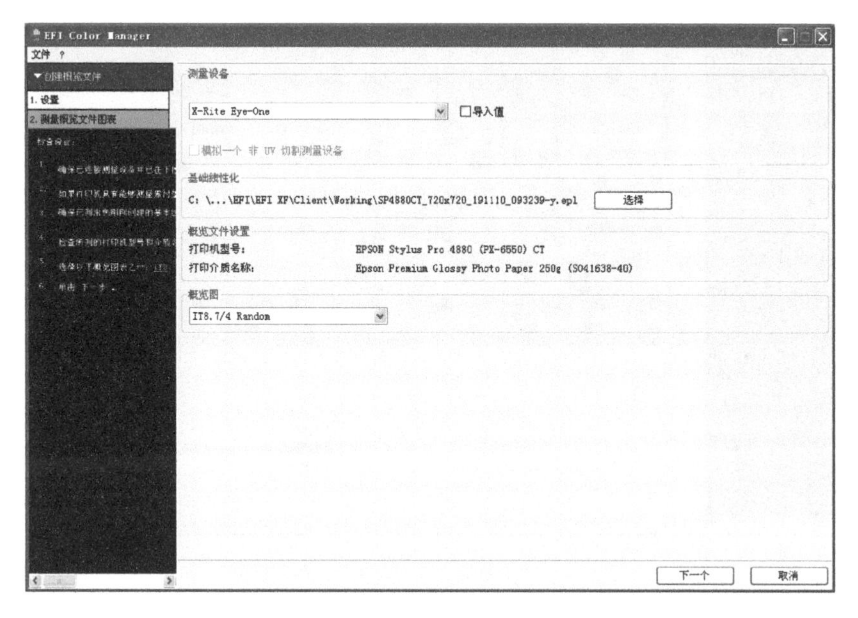

图5-9 “创建打印介质的概览文件”设置界面

② 基本设置完成后，点击下一个进入“测量概览文件图表”界面，如图5-10所示。第一步，打印色表；选择“打印”按钮，即可打印出设置好的色表样张。第二步，测量样张；待样张干燥后，使用测量设备Eye-One测量样张，可以获得如图5-11所示的色表。第三步，生成概览文件；测量完成后，点击“立即创建”按钮，即可创建打印介质的特性文件，并保存为后缀为ICC的文件，放入系统文件夹中备用，如图5-12所示。

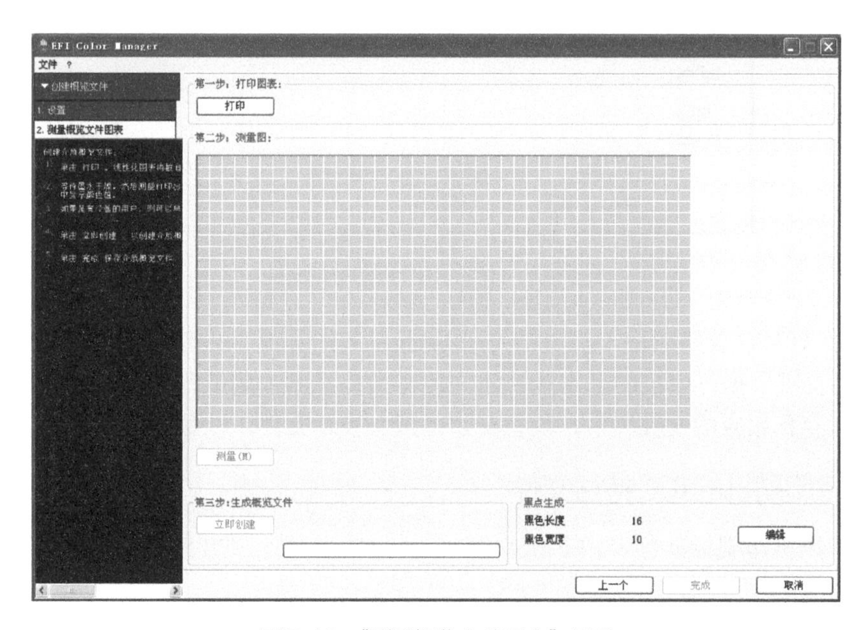

图5-10 “测量概览文件图表”界面

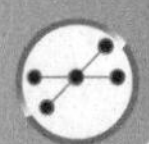

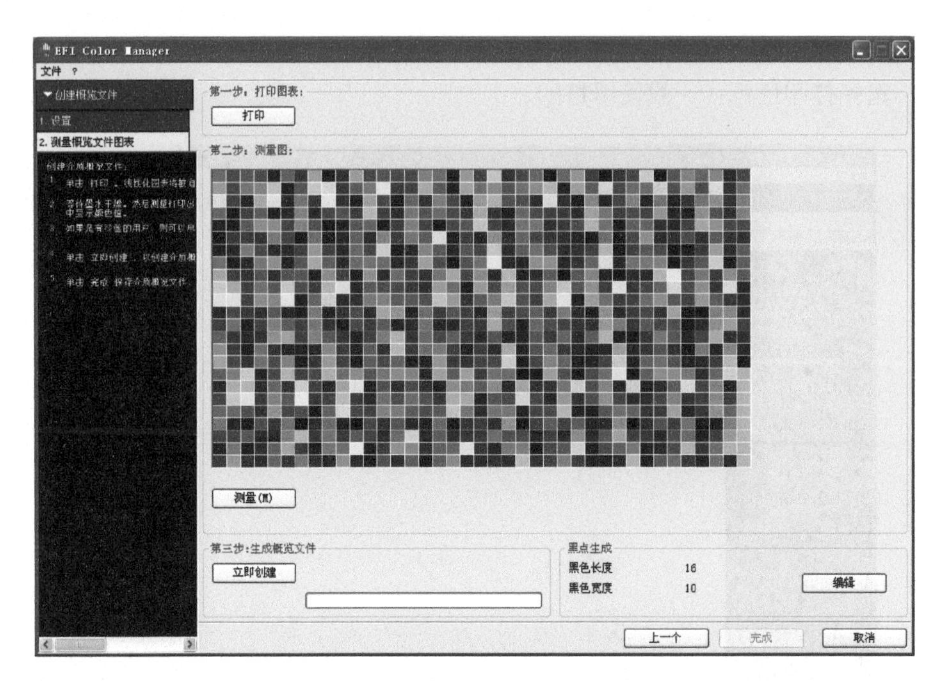

图5-11 “测量概览文件图表”界面测量

图5-12 保存打印介质的特性文件

③ 制作好ICC文件之后，在“Color Manager工作界面”中选择“Profile Connector”进行ICC的捆绑。把打印机的基本线性化文件作为补丁添加到纸张ICC文件，使之成为一个整体，保存到相应的文件夹中，代替先前的纸张ICC文件，以备后用。

2.创建印刷机的ICC特性文件

使用印刷机印刷标准色表EFI Profiling Chart IT8-EyeOne.TIFF，待色表干燥后，用于测量使用。

在“Color Manager工作界面”中选择“创建参考概览文件”进入图5-13设置界面，

在这里设置测量设备，仍然选择使用Eye-One测量印刷色表。“用于生成参考概览文件的图表类型”选择IT8，与印刷机印刷的图表一致。设置完成后点击“下一个”，进入测量界面，如图5-14所示。使用测量设备Eye-One测量印刷好的IT8色表，测量完成后，点击“立即创建”，即可创建印刷机的ICC特性文件，放入“...\Server\Profiles\Reference”文件夹中备用。

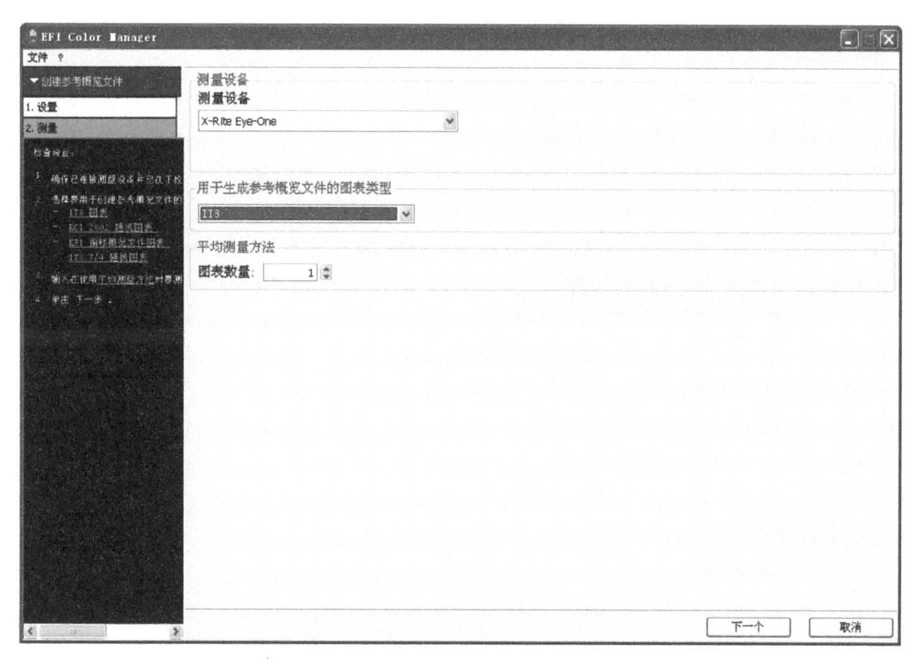

图5-13 “创建参考概览文件”设置界面

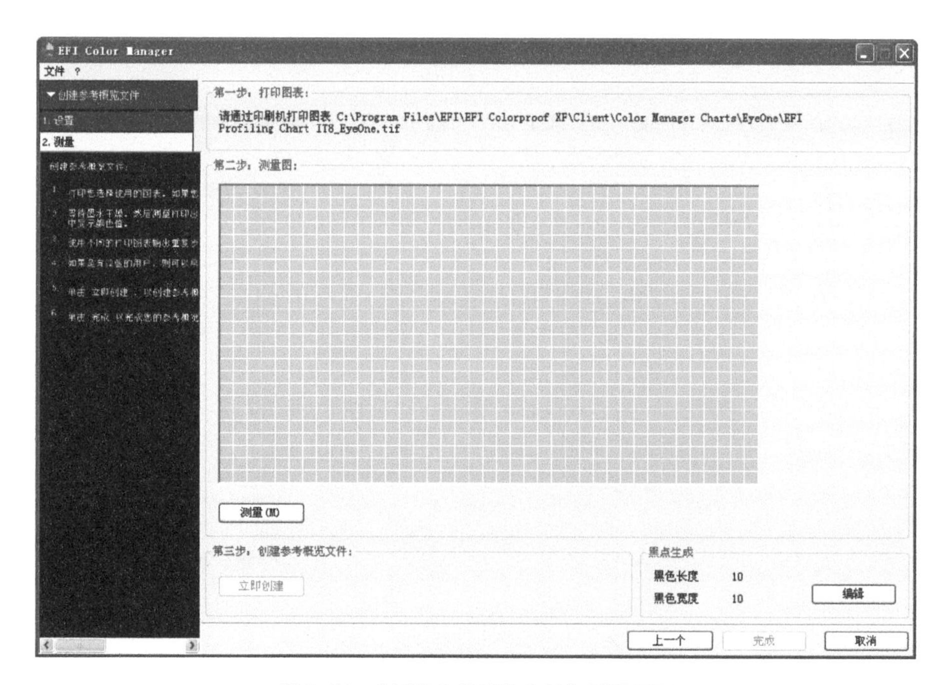

图5-14 “创建参考概览文件”测量界面

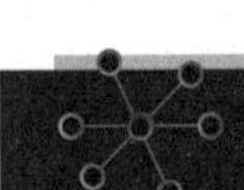

课题十五 数码打样机特性文件的应用

一、课题要求

1. 掌握EFI数码打样工作流程的创建。
2. 掌握打印输出操作。

二、实训场地和实训条件

实训场地：色彩管理实训室或数码打样工作室。
实训条件：EPSON 4880C数码打样机、EFI Colorproof XF数码打样软件数码打样纸。

三、实训指导

1. 创建工作流程

① 在工具栏中单击“新建工作流程”，系统会自动创建新工作流程，进入属性检查器，键入工作流程的名称，如图5-15所示。然后，点选“颜色管理”选项卡，对“颜色

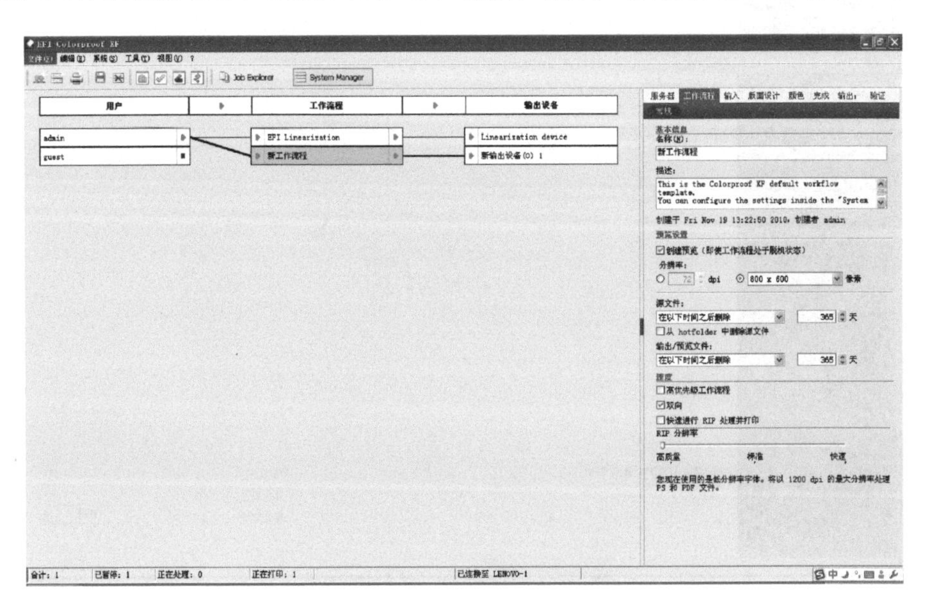

图5-15 EFI流程创建界面

管理”进行勾选，调用已创建的印刷机的概览文件（也可以调用EFI Colorproof XF自带的印刷机概览文件）。一般来说，“源”和“模拟”两处的描述文件相同，但如果作业文档中使用了RGB颜色，则需在“源”处选择随EFI Colorproof XF一起或随输入设备一起提供的源概览文件，而只在“模拟”处调用印刷机概览文件。然后根据是否模拟纸白，从“着色意向”下拉列表框中选择一种着色意向。如果存在优化概览文件，则在“L*a*b*优化”中调用。如图5-16所示。

② 创建新的输出设备，并进行必要设置。首先，在“设置”选项卡里，根据使用设备进行相关的基础设置，如图5-17（a）所示。其次，选择“打印介质”选项卡，选择正确的打印组合之后，就可以从下拉列表框“校准集”中加载相应的校准集（作为补丁添加到所选纸张类型的EPL基本线性化文件），与之联系在一起的纸张ICC文件就会被自动选择。最后还需要对打印介质类型进行设置。如图5-17（b）所示。

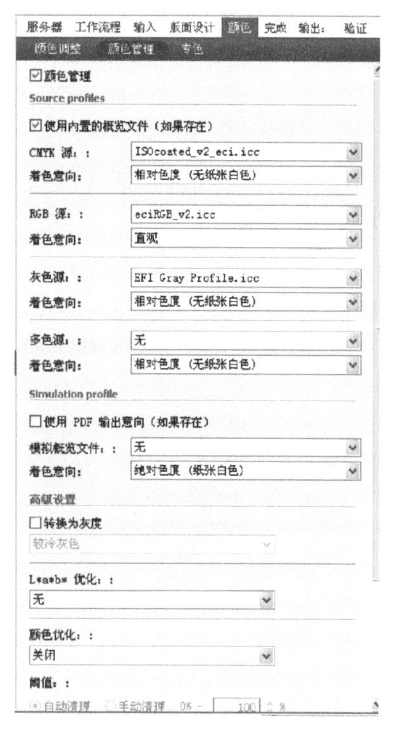

图5-16 “颜色管理”界面

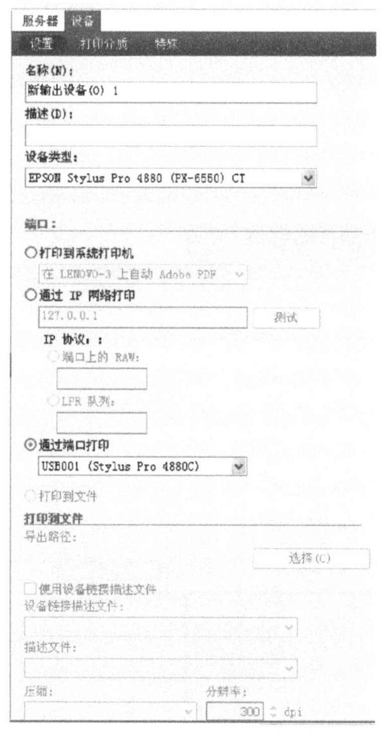

(a) 设备基本设置

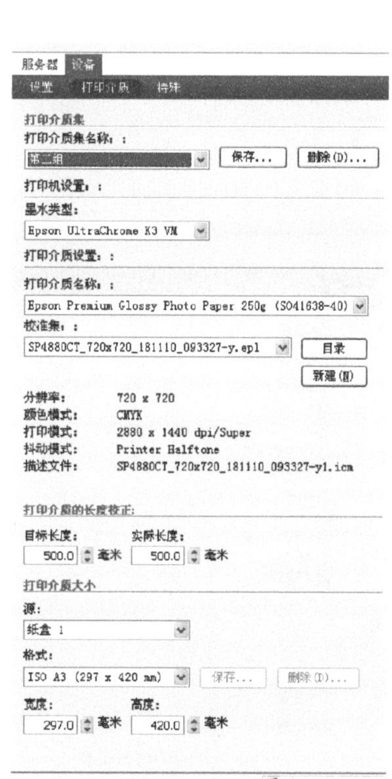

(b) 打印介质设置

图5-17 输出设备设置

③ 通过一条黑色细线将用户、工作流程和打印机连接起来，并将开关变成绿色使工作流程处于联机状态。如图5-15所示。

2.打印输出

流程创建完成后，选择进入JobExplorer界面，如图5-18所示。在JobExplorer中单击“导入作业”加载作业，同时选择新设置的工作流程，单击“打印”或选择“文件\打印”就可以输出打印作业了，如图5-19所示。

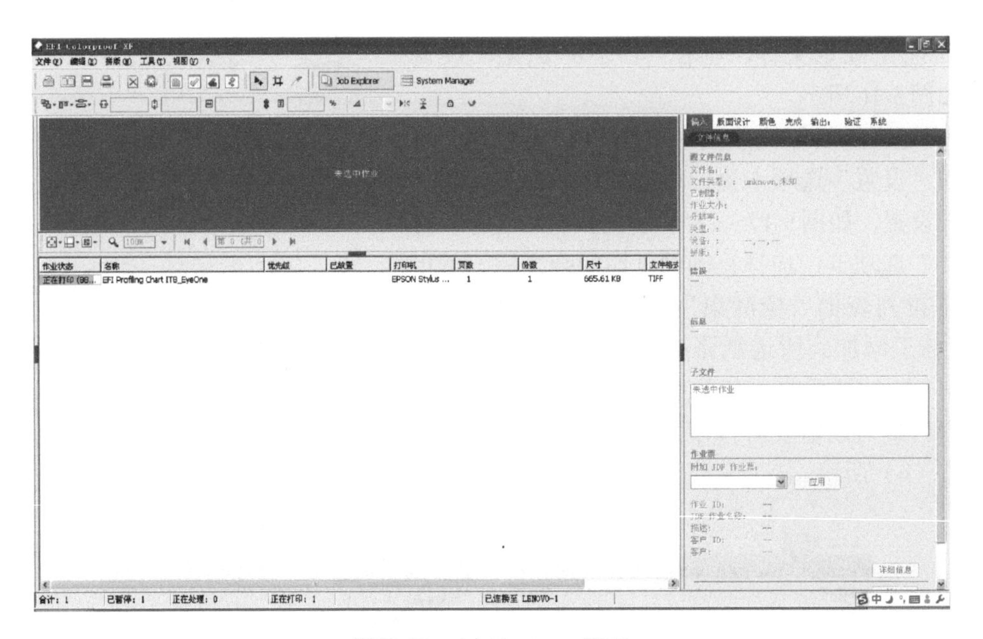

图5-18　JobExplorer界面

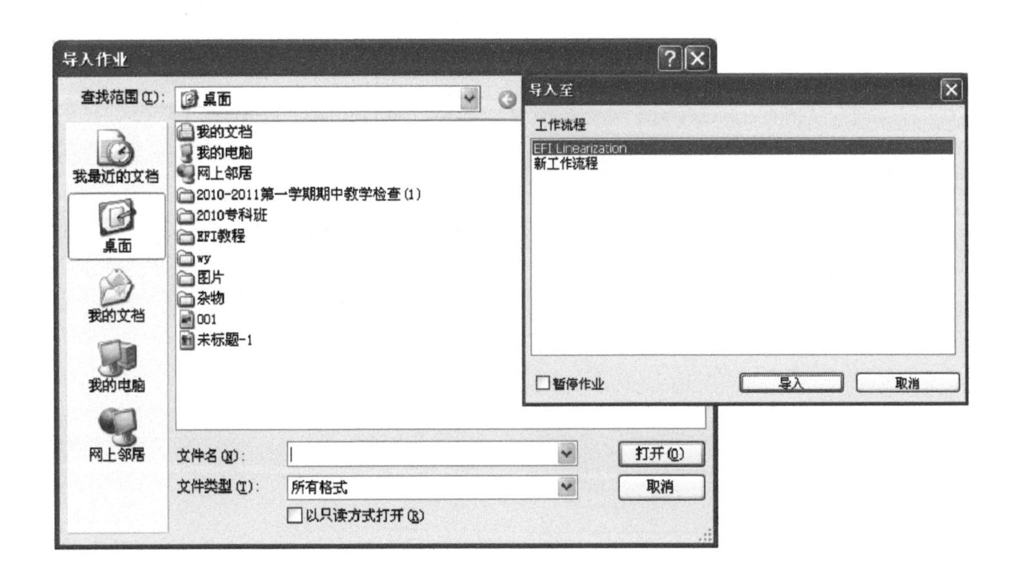

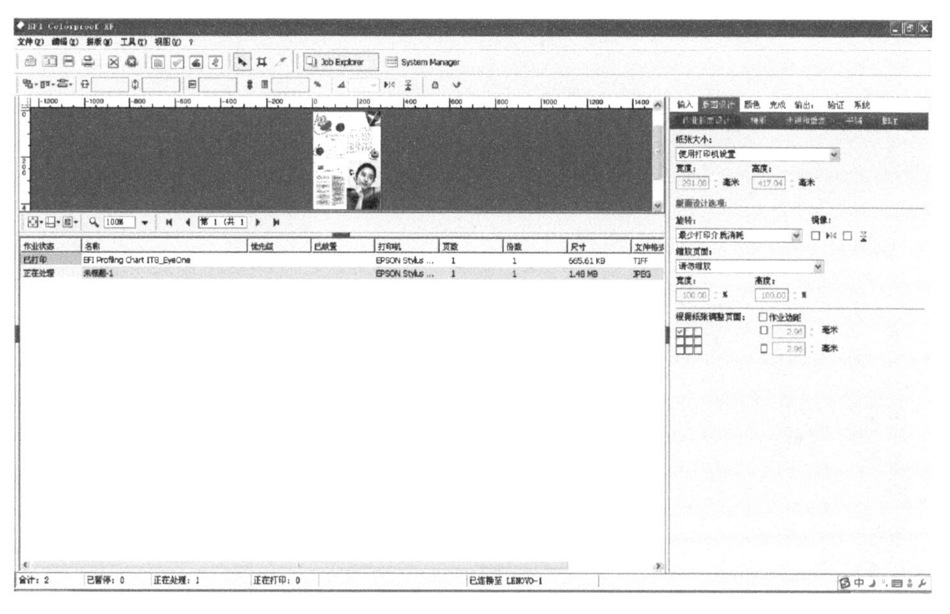

图5-19　导入作业

思考题

1. 使用不同的特性文件打印输出时打印质量有何区别？
2. 简要介绍数码打样设备的线性化方法。
3. 简述数码打样流程。

单元6

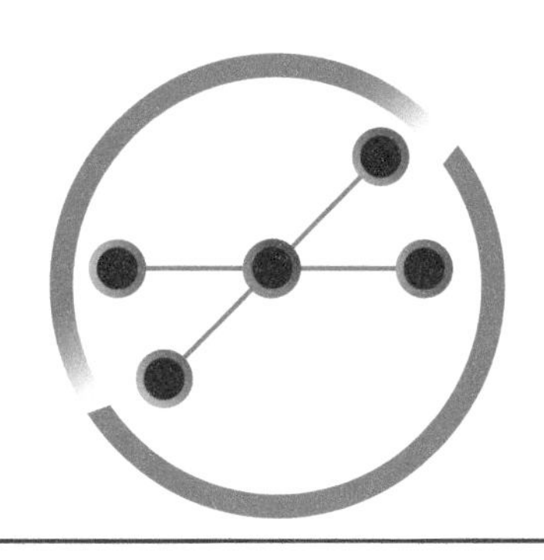

Unit 06

数码印刷机的色彩管理

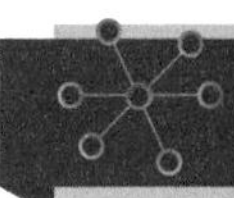

课题十六 数码印刷机的校准

一、课题要求

1. 了解“fiery”控制器。
2. 掌握数字印刷机校正的基本方法与过程。

二、实训场地和实训条件

实训场地：数字印刷工作室
实训条件：“fiery”控制器、数字印刷机、计算机。

三、实训指导

1.数字印刷机

数码印刷机实现了真正意义上的一张起印、无需制版、全彩图像一次完成。极低的

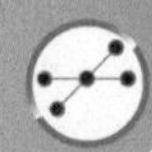

印刷成本及高质量的印刷效果比传统印刷系统经济方便，极少的系统投资、数码化的操作方式及有限的空间占用，使系统具有更大的市场前景，是对传统印刷的最好补充。

2.数字印刷机校正前的准备

数字印刷机校正前要对设备的状态进行检查，具体过程如下。

（1）测定生产的环境温湿度

不同的数字印刷机对工作环境有一定的要求，因此，校正前必须测量其工作环境是否符合要求，如不符合，则对环境进行控制，使其达到数字印刷机的要求。

（2）检查墨粉量和纸张的表面特性

数字印刷机更换墨粉或换纸张时都需要对设备重新进行校正，所以校正前最好对其进行检查。当墨粉不足，或纸张性能不理想时，需进行更换后再进行校正。

（3）机器预热

数码印刷机开机进行半小时的预热后，运行稳定后再行校正。

（4）输出状态检测

输出测试图，检测2%的点子有没有，在梯尺上有没有颜色变化不平滑。如果有，此时设备需要进行校正。

3.数字印刷机的校准

校正准备工作完成后，打开“fiery”控制器。

① 选择“sever”菜单中的“manage color”命令，如图6-1所示。

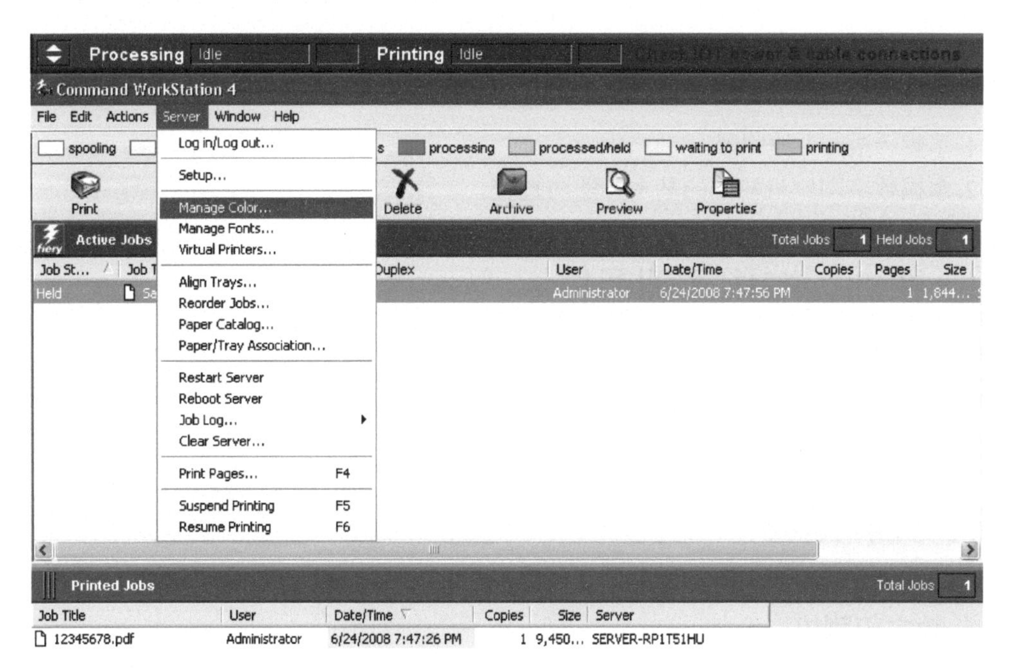

图6-1 “fiery”控制器界面

② 此时，会弹出“ColorWise ProTools”界面，如图6-2所示。

图6-2 “ColorWise ProTools”界面

③ 选择最左边的“Calibrator（设备校准）”，会弹出“设备校准选项框”（图6-3），点击右上角的“expert”，进入专家模式，如图6-4所示。

Calibrator:SERVER-RP1T51HU_DC5000
Standard Expert
1. Select Measurement Method
EFI Spectrometer ES-1000
2. Check Print Settings
Calibration Set
Screen 200 Dot YMCK Rotated
Media Coated 136-186gsm
Measured: 6/20/08 10:26:11 PM
By User: Administrator
Method: EFI Spectrometer ES-1000
3. Generate Measurement Page
Print...
4. Get Measurements
Measure... From File...
Apply to all calibration sets Customize...
Restore Device Apply Done

图6-3 “设备校准选项”界面

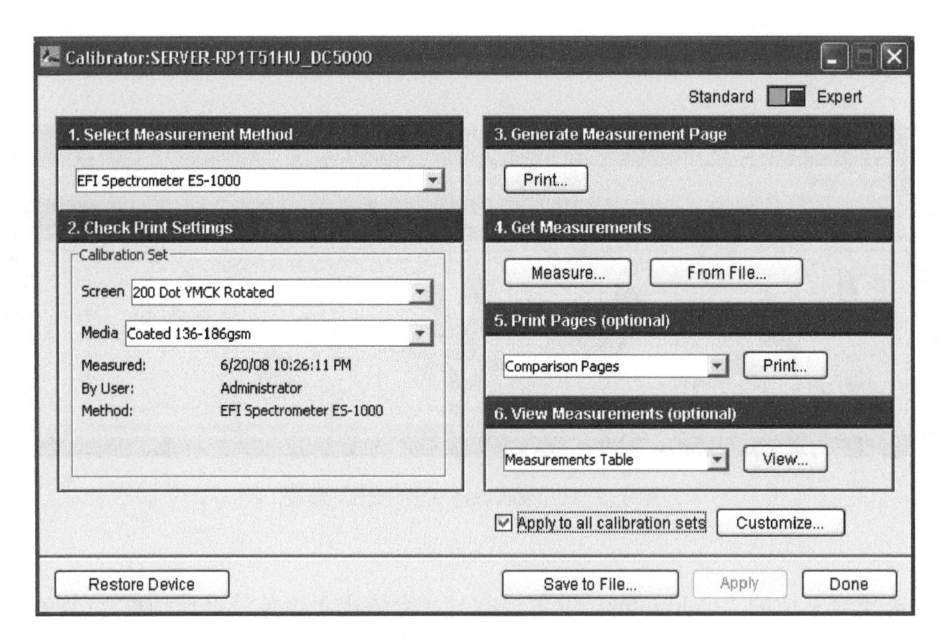

图6-4 “设备校准专家模式”界面

④ 在专家模式下对各选项进行设定。

a. 在“Select Measurement Method（选择设备校准仪）”界面中，根据设备校准议上标注的型号来做相应的选择，如图6-5所示。

b. 在“Check Print Settings”界面里的“screen”为挂网精度，通常默认为200 dot，media为所用的纸张类型，如图6-6所示。

c. 在“Generate Measurement page（打印设备校准条）”界面。点“print”后会出现下面的对话框，如图6-7所示。“Paper Type”为选择色块的个数。“Paper Size”为选择样张的尺寸。“Number of copies”为输出测试样张份数。完成后按打印，设备校准条就会打印出来。

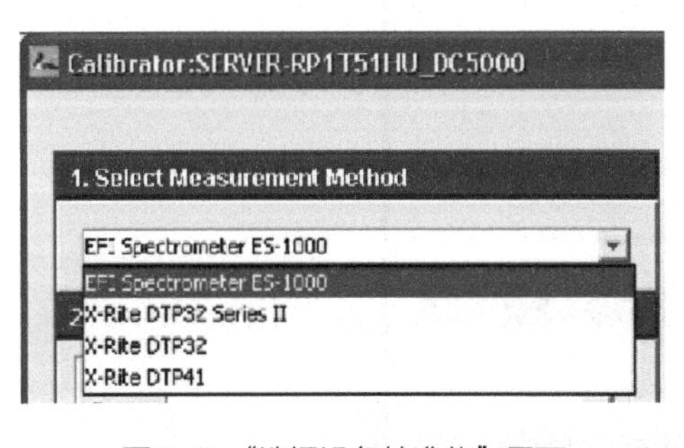

图6-5 “选择设备校准仪”界面

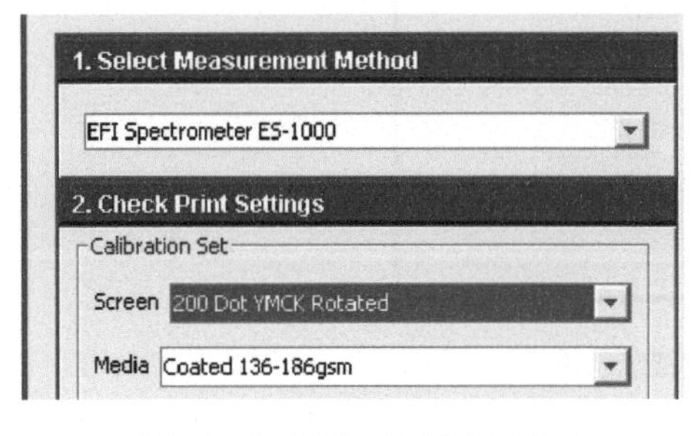

图6-6 “挂网及纸张选项”界面

d. “get measurements（测量）”，点“Measure（测量）”后，会弹出一对话框显示之前选择的色块数和打印的尺寸，不用做任何改变，直接按下面的“measure（测量）”。如果是“EFI Spectrometer ES-1000”的设备校准仪，此时会提示将其放在底座上，以校准白点，点“OK”即可，如图6-8至图6-9所示。

过一会儿后，会出现此对话框，如图6-10所示，跟着提示分别按“Cyan”、“Magenta”、“Yellow”、“Black”的顺序用设备校准仪在设备校准条上扫。设备校准条的下面最好垫一张跟设备校准条相同类型的白纸，以防止纸张薄，造成设备校准仪发出的光线透光，影响设备校准的准确性。

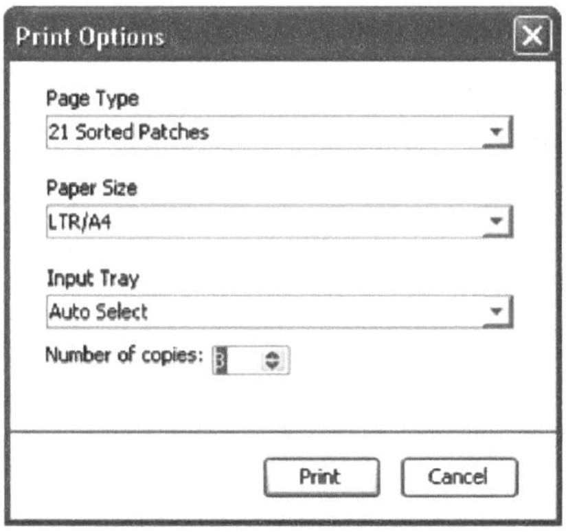

图6-7 “打印选项框”界面

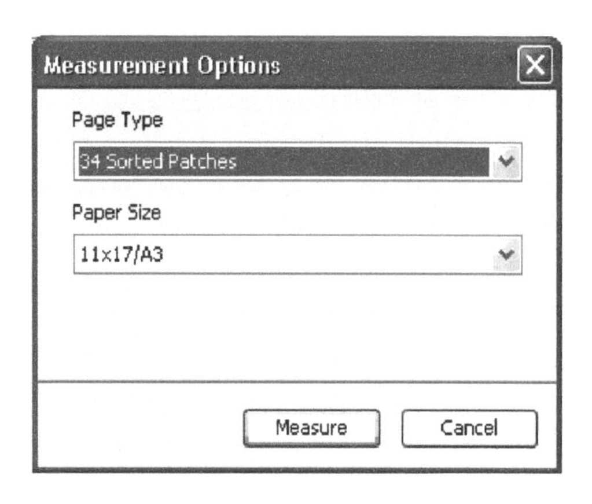

图6-8 “测量选项”界面

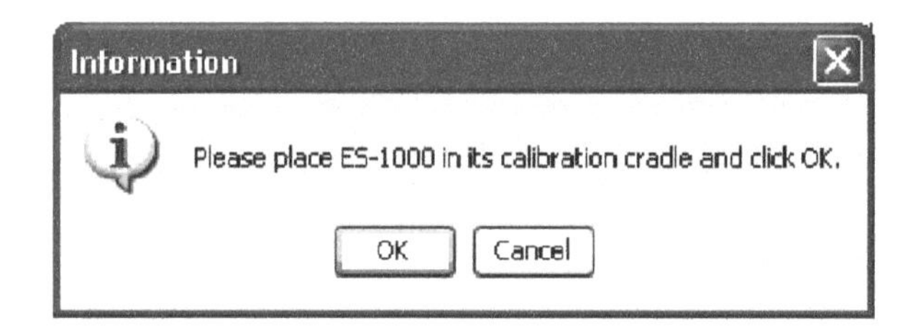

图6-9 “信息询问对话框”界面

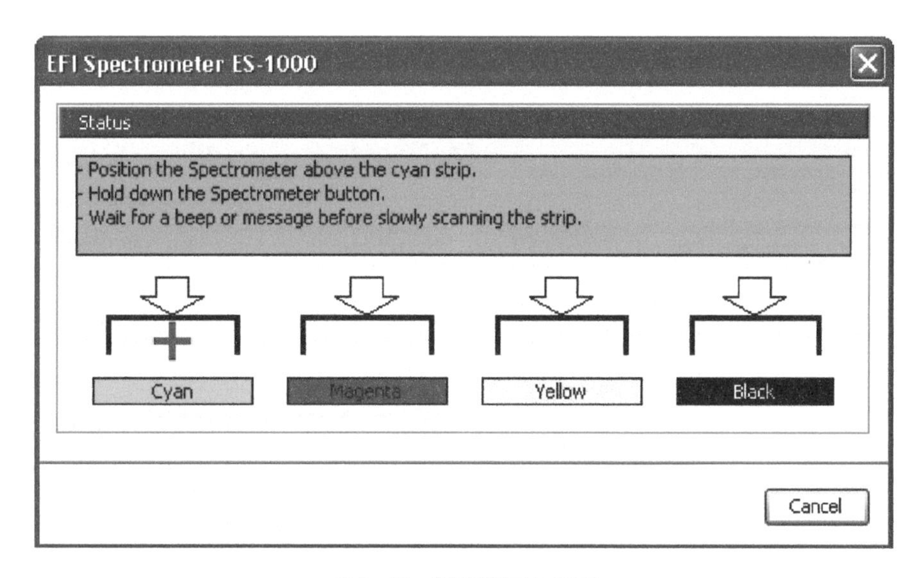

图6-10 “测量指示”界面

e.然后做第5步，“view measurements（观察设备校准曲线是否符合要求）”。在下拉框中选择“测量曲线”，就会弹出以下对话框，如图6-11所示，细线是刚才的测量曲线，粗线是机器的默认输出曲线。计算机会根据两者的差值做补偿，运算，此时要保证四条细线平滑均匀，不要有“突变”和大的波动。

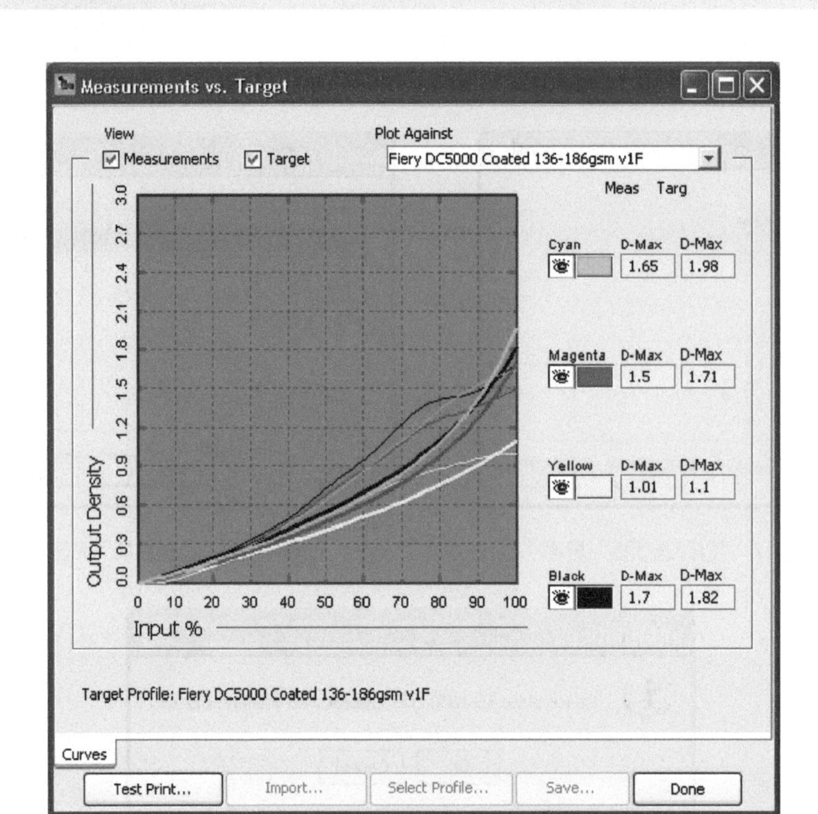

图6-11 “测量曲线”界面

f.最后，点击“Apply”按钮，然后再点“Done”按钮，设备校准步骤全部完成，如图6-12所示。

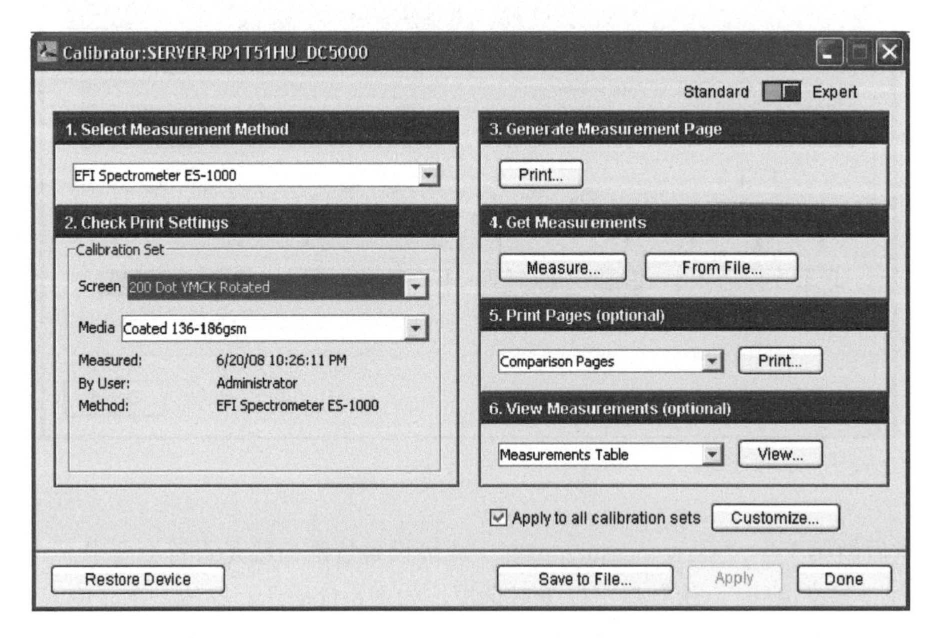

图6-12 “参数设置完成”界面

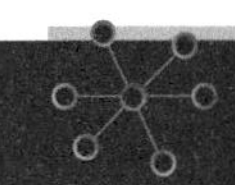

课题十七 数码印刷机特性文件的建立

一、课题要求

1. 了解Eye-One Match。
2. 掌握数码印刷机ICC文件的生成的方法与过程。

二、实训场地与实训条件

实训场地：数字印刷工作室。
实训条件：Eye-One Match、数字印刷机、计算机。

三、实训指导

数码印刷机ICC文件的制作

① 打开专业色彩管理软件，选择需要制作ICC profile文件的设备，进入制作数码印刷机ICC的界面，点击进入下一步，如图6-13所示。

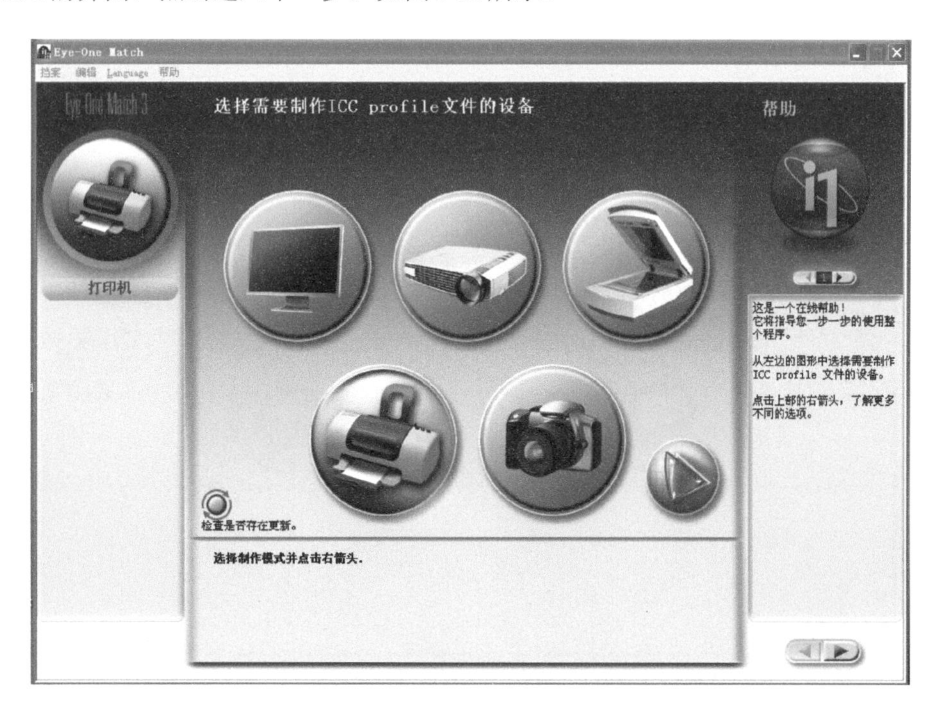

图6-13　选择制作ICC的设备界面

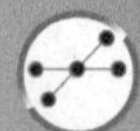

② 选择输出设备和测试图，在输出设备的下拉菜单中选择“其他的［CMYK］”，在选择使用的测试图的下拉菜单中选择“i1CMYK 1.1.txt”，如图6-14所示。

图6-14　选择输出设备和测试图

③ 选择分色设备，要生成CMYK打印设备的ICC profile文件，必须选择打印设备的类型，以便将相应的分色设置加入ICC profile中，如图6-15所示。

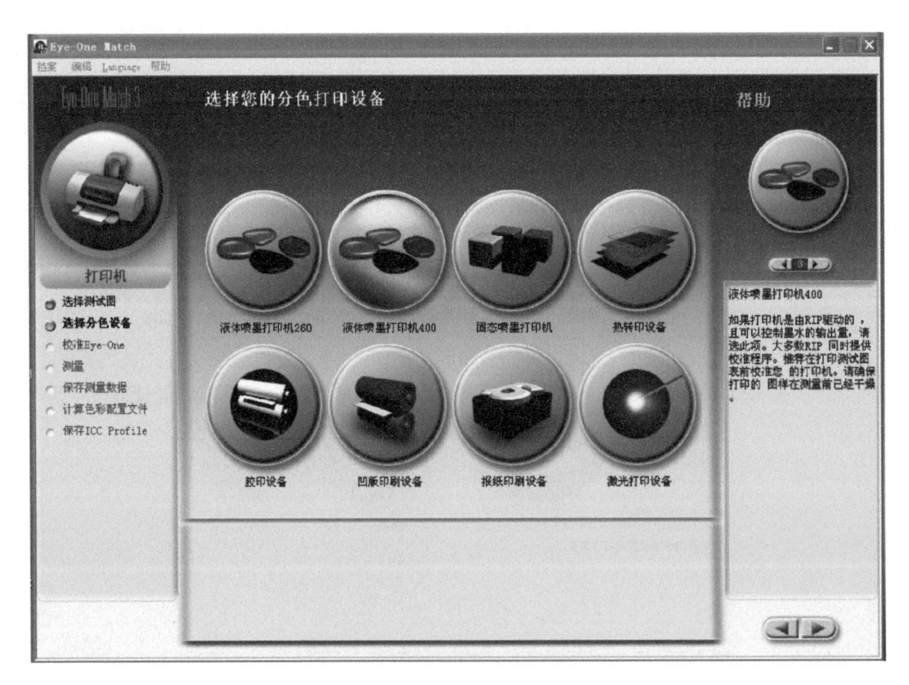

图6-15　选择分色打印设备

④ 校准Eye-One，将Eye-One放置在白色的校准瓷片上。点击“测量”按钮或点击“校准”按钮进行校准，校准成功后点击“▶”继续，如图6-16所示。

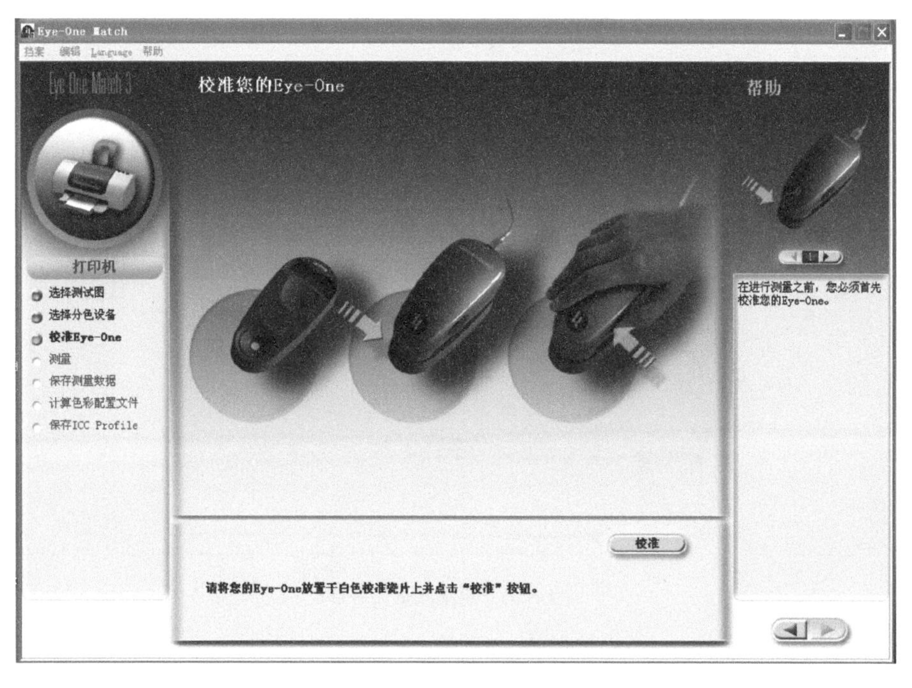

图6-16 Eye-One校准

⑤ 测量数码印刷机印刷的CMYK测试文件，测量前要确认测试图完全干燥。从“行测量模式”和“块测量模式”中选择合适的测量模式，如图6-17至图6-19所示。

图6-17 测量测试文件a

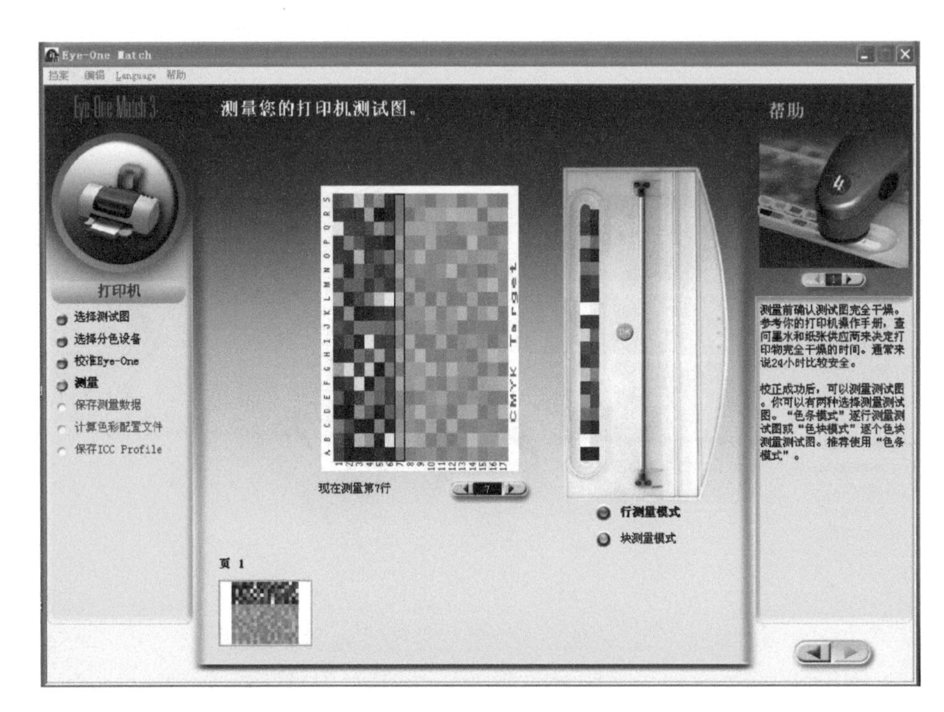

图6-18　测量测试文件b

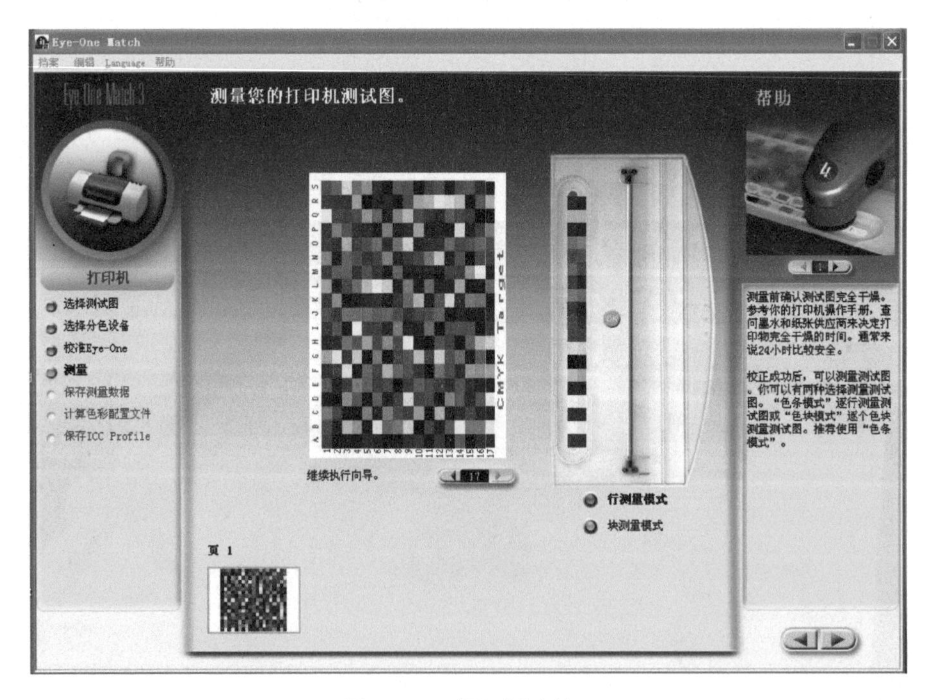

图6-19　测量测试文件c

⑥ 如果测试成功，测试图将被显示出来，有需要的话能在计算ICC profile文件前将这些测量数据保存为一个文本文件，点击“保存测量数据”按钮打开保存窗口。默认保存在Eye-One Match软件目录的“Measurement Data/printer”子目录下。如果不需要保存，

点击右箭头来计算ICC profile文件，如图6-20至图6-21所示。

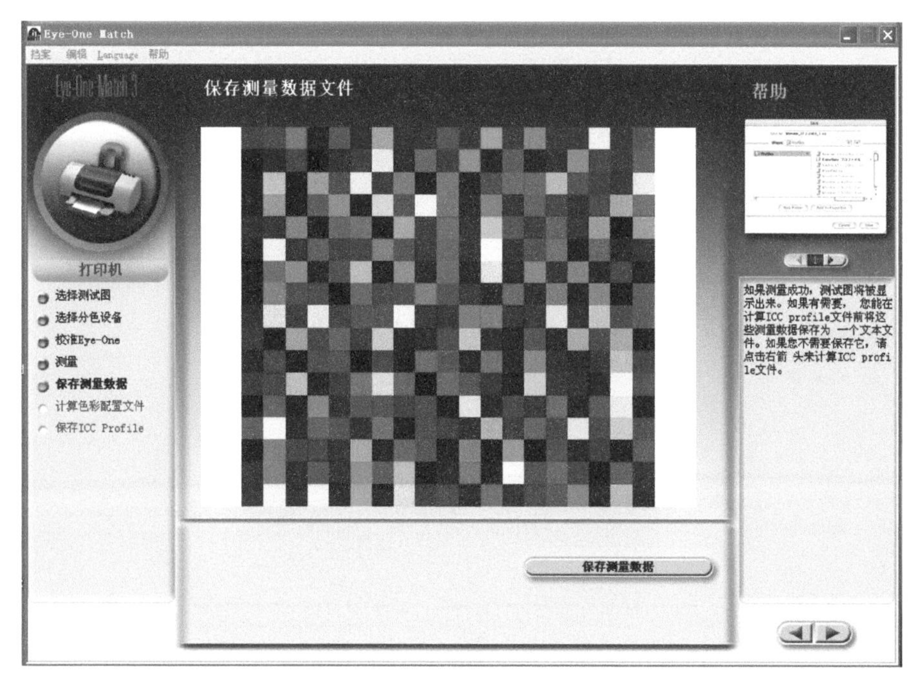

图6-20 测量完成效果图

图6-21 保存测量数据文件

⑦ 点击“▶”后进入软件自动计算，生成ICC文件，并保存生成的ICC文件，如图6-22至图6-23所示。

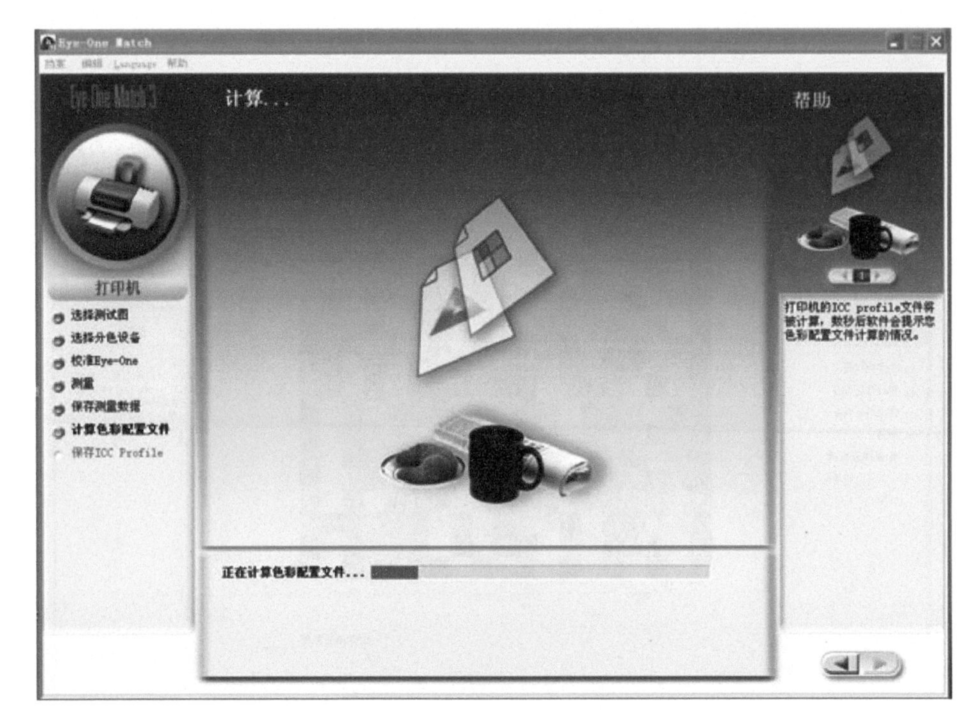

图6-22　计算生成的ICC文件

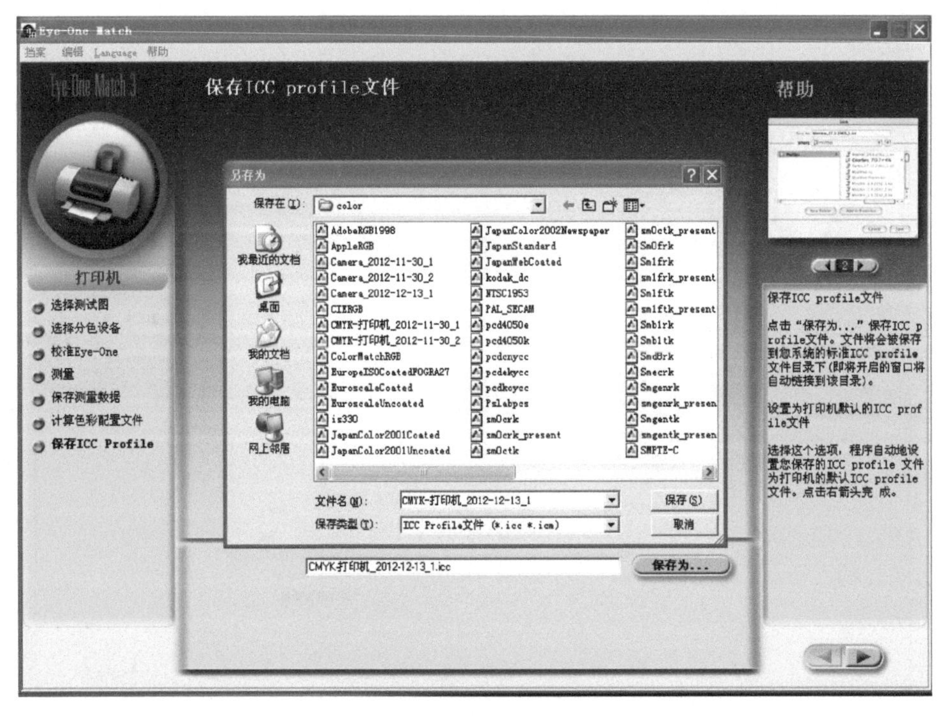

图6-23　保存生成的ICC文件

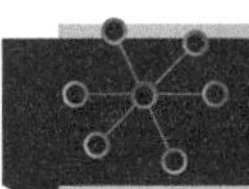

课题十八 数字印刷机色彩特性文件的应用

一、课题要求

掌握数字印刷机特性文件的应用。

二、实训场地和实训条件

实训场地：数字印刷工作室。
实训条件：Eye-One Match、数字印刷机、计算机。

三、实训指导

1.数码印刷机的特性文件的导入

获得数码印刷机的特性文件ICC profile文件。在方正印捷数码印刷系统中，利用色彩管理模块（CMM）进行打印输出。

2.方正印捷数码印刷系统的特性文件的应用

获得数码印刷机C6500设备的特性ICC Profile文件后，导入数码印刷机的客户端系统中可以利用色彩管理模块（CMM）打印输出。

（1）RGB效果模拟输出

数码印刷机进行RGB效果模拟输出时，直接按数码印刷机的颜色特性进行分色，不转换为印刷的ICC颜色空间流程，如图6-24所示。

该模式下主要用于高饱和度的颜色输出效果，比如照片的打印，数码印刷的色域尽可能地模拟RGB，确保最多的颜色效果。但是，值得注意的是使用该模式时，图片应该为RGB模式，而且没有转换到CMYK模式，因为一般情况下CMYK都是使用印刷的ICC特性文件，转换后颜色色域压缩，颜色信息丢失，再利用RGB模拟输出也无法获得好的效果。

当选择进行RGB模拟输出时，在方正印捷数码控制系统中，其参数的设置如图6-24所示。

在系统中选择处理器管理器C6500中校色面板，主要是选择设备ICC为数码印刷机的设备ICC文件。校色面板中要选择经过线性化的设备来进行ICC文件的转换。

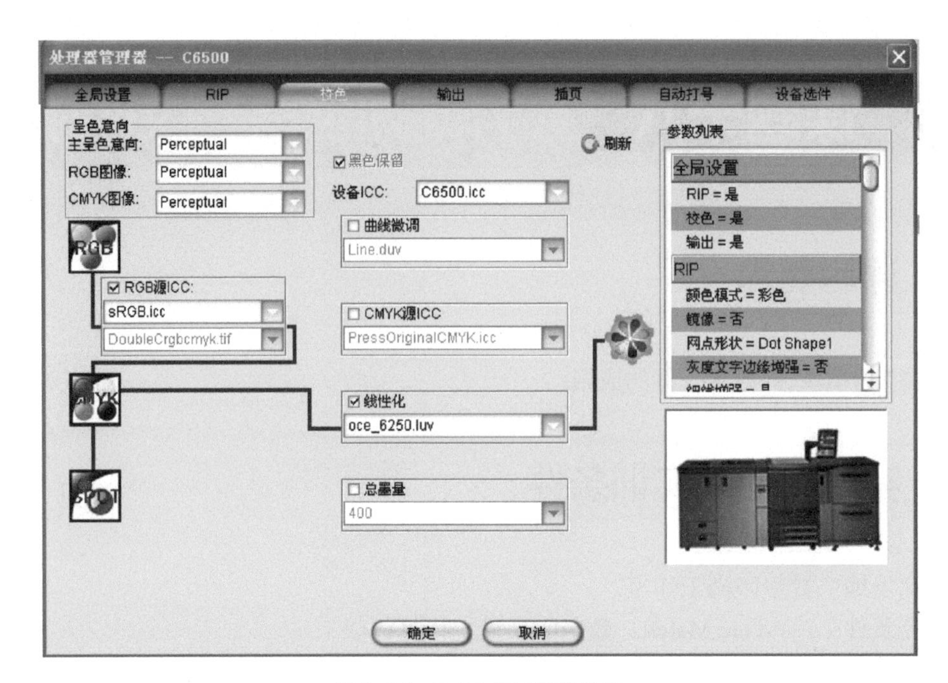

图6-24　RGB效果模拟输出

（2）CMYK印刷效果模拟输出

数码印刷系统的颜色特性与传统的胶印方式不同，数码印刷和传统印刷所使用的耗材纸张和油墨也不相同，同一原稿通过这两种不同方式复制出来的颜色也是不同的，只有对两者都进行色彩管理，转换颜色数据，才能实现颜色之间的匹配。

① 油墨色相不同，CMYK油墨和数码印刷中的CMYK炭粉（或者HP Indigo电子油墨）。50%的品红（M）色，利用CMYK油墨和数码印刷中的炭粉呈现，视觉看到会有很大的不同。同样的网点面积率，CMYK在叠印后得到的色域也有一定的差异。

② 单色色密度也不同。最大密度和最小密度之间的不同，决定了实地密度大，颜色越鲜艳，所实现的层次也丰富

③ 色彩还原曲线也不一样，传统的印刷由于压力的作用，中间调网点扩大相对严重，亮调和暗调相对要小，数码印刷炭粉转移后不存在这种特性，每种数码印刷的特性不一样。

为了实现数码印刷模拟传统印刷的效果，采用色彩管理的方式。对不同的颜色空间进行颜色转换，其流程是当选择进行CMYK印刷模拟输出时，在方正印捷数码控制系统中，参数的设置如图6-25所示。

① 选择传统胶印的ICC文件——CMYK源ICC。模拟传统胶印效果，进行色彩管理，将胶印的颜色空间转换到数码印刷机的颜色空间。

② 选择数码印刷的ICC文件——设备ICC。方正印捷数码印刷系统的色彩管理界面中，设备的ICC为数码印刷机的ICC文件，载入的数码印刷机ICC文件—C6500.icc。

③ 设置其他参数。选择好传统胶印和数码印刷机的ICC文件后，设置其他的相关参数，“呈色意向”选择“Perceptual（感知匹配）”，“线性化”选择“实验制作的线性化曲线”，再进行“总墨量”的设置，模拟铜版纸的效果，“总墨量”设置为250。

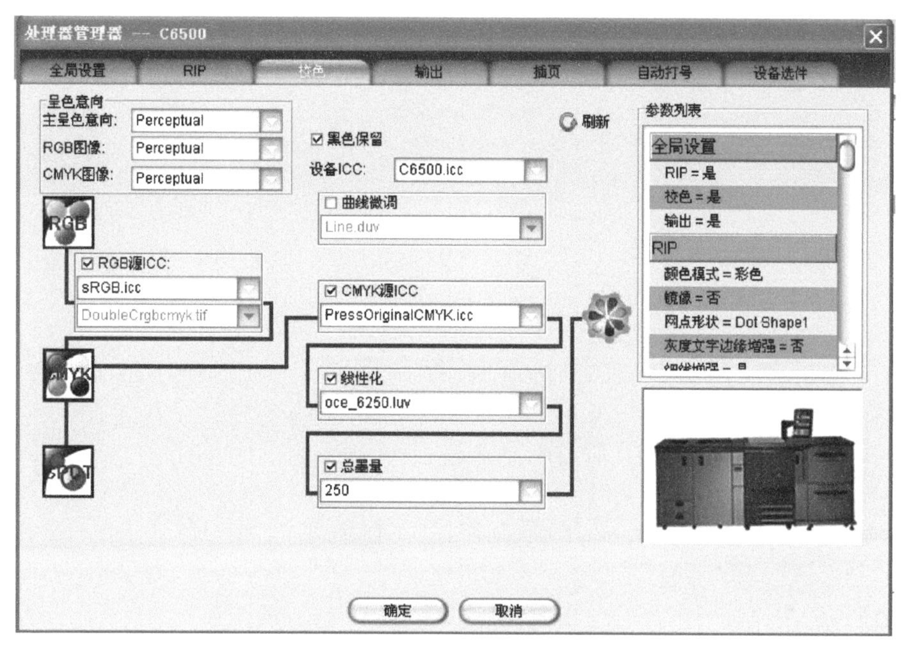

图6-25　CMYK印刷效果模拟输出

完成上述的设置后，进行数码印刷的输出，跟传统胶印的样张进行比较，来评估模拟效果。可以选择输出一些ISO测试图片，线性色条、色块等标准性文件。

思考题

1. 数码印刷机什么时候进行设备校准？
2. 使用数码印刷机校准时，设备校准曲线怎样才符合要求？

单元 7

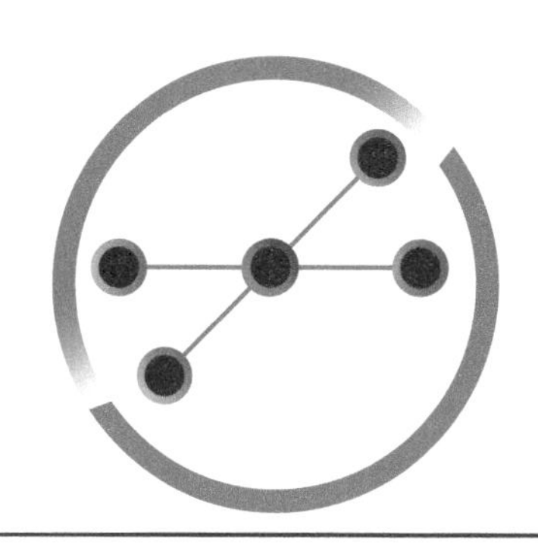

Unit 07

印刷机的色彩管理

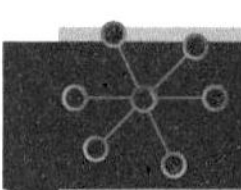

课题十九 印刷机的校准

一、课题要求

1. 掌握印刷机校准的方法。
2. 了解GRACoL 7标准。

二、实训场地和条件

实训场地：印刷实训室和印前实训室。

实训条件：符合标准的油墨、纸张、标准样张、印版测量仪、分光光度计、D50标准光源NPDC图纸或IDEAlink软件、印刷机及相关辅助设备。

三、实训指导

在印刷复制过程中，绝大多数都要进入印刷这个环节。印刷机属于机械设备，操作较复杂，因此印刷机的校准也比较复杂。对于印刷企业来说，要使印刷机能满足色彩管理的要求所用到的纸张、油墨、印版等也必须是标准规范的，所以印刷机校准的部分也可以称为印刷系统的校准。

1.传统制版工艺的标准化

传统制版工艺需要通过胶片来晒制，所以首先需要做到胶片输出的标准化，要求经过规范的曝光、显影等工艺，使最终输出的分色胶片实地密度达到3.8 ～ 4.5，胶片梯尺能达到2% ～ 98%网点的正确还原，阶调误差在±1%范围内，胶片的灰雾度控制在0.05以下。

在胶片规范化输出的前提下，对传统晒版工序进行规范化，一般通过晒版测控条进行控制。使未着墨的印版上40%或50%的阶调值小于测控条胶片上相应控制块的阶调值，如表7-1所示。

表7-1　网线数与阶调变化范围

网线数（线/厘米）	阶调值减少量（40%处）/%	阶调值减少量（50%处）/%
50	2.5 ～ 3.5	3.0 ～ 4.0
60	3.0 ～ 4.0	3.5 ～ 5.0
70	3.5 ～ 4.5	4.5 ～ 6.0
	在该范围内阶调值减少量与网线数是成正比例的	

测控条上独立的、不透明的、直径大于25μm的网点都应以不变的形状转移到胶印印版上。

2.CTP输出工艺的标准化

对于使用CTP（计算机直接输出印版）工艺进行输出的印版，可以通过数字测控条进行分析控制。印版质量要求可参见传统制版。

3.印刷机的标准化

印刷机的校准，只要做到能印出均匀、清晰的图文和均匀的灰梯尺，让印刷机能遵从某印刷标准，并达到该标准的要求，即实现了印刷机的校准。

印刷机操作时，可以控制的有实地密度、印刷压力、水墨平衡、网点扩大、灰平衡、印刷反差等参数。现在印刷界比较流行的是GRACoL 7规范或者ISO 12647-2标准。以下介绍GRACoL规范和其进行设备调节的方法。

GRACoL规范是美国IDEAlliance联盟指定的的商业胶印印刷规范，属于行业标准。GRACoL 7为其最新版本，以下简称G7规范。

通过G7规范来校准印刷机方法如下。

（1）首先确保印刷机处于正常工作状态，能稳定运行。准备G7规定的标准纸张及油墨，满足纸张色度L^*=95±2，a^*=0.0±1，b^*=–2±2，衬垫的*lab*值分别为98，0，0。使用ISO 2846-1油墨，油墨参数如表7-2所示。

表7-2　油墨色度值

项目	C	M	Y	K	MY	CY	MC	CMY
L^*	55	48	89	16	46.9	49.76	23.95	22
a^*	–37	74	–5	0	68.06	–68.07	17.18	0
b^*	–50	–3	93	0	47.58	25.4	–46.11	0

（2）印刷测试样张

可以采用G7规范所提出的标准样张进行印刷机的校准。图7-1是GRACoL 7的印刷样张。

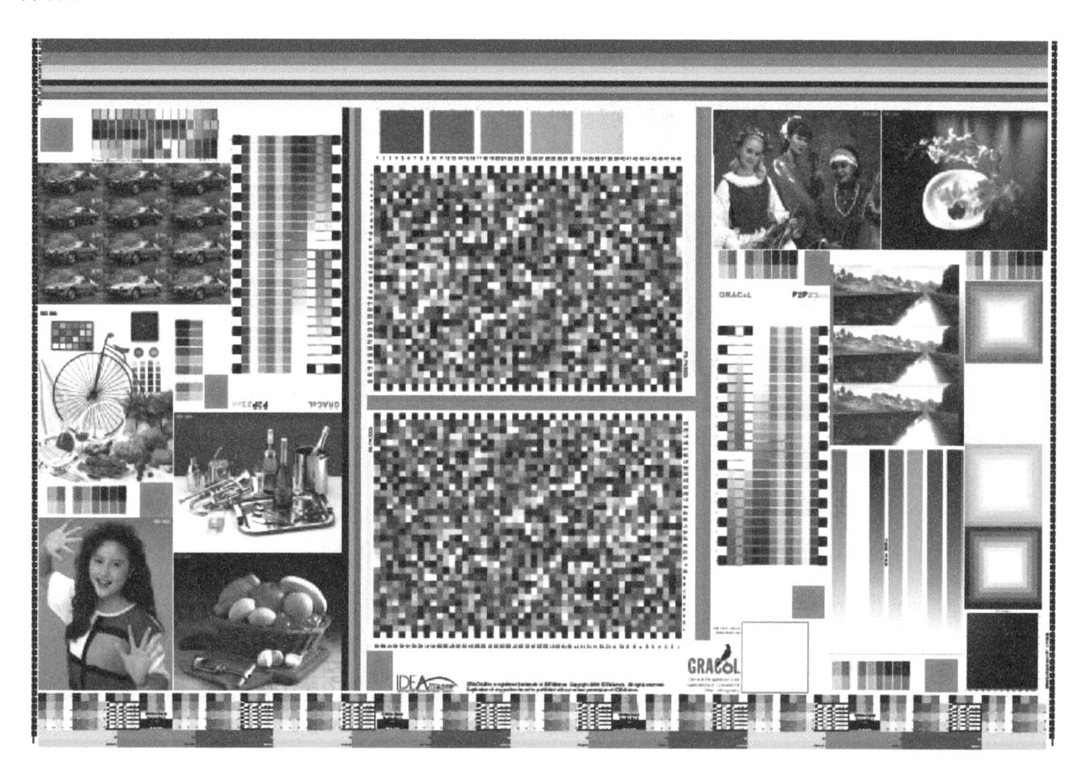

图7-1　GRACoL 7的印刷样张

样张也可以自行设计，G7规范建议自行设计的样张需包括的必要测试因子如下。

① P2P的测试因子，二条，放置时最好能互成180°，如图7-2所示。

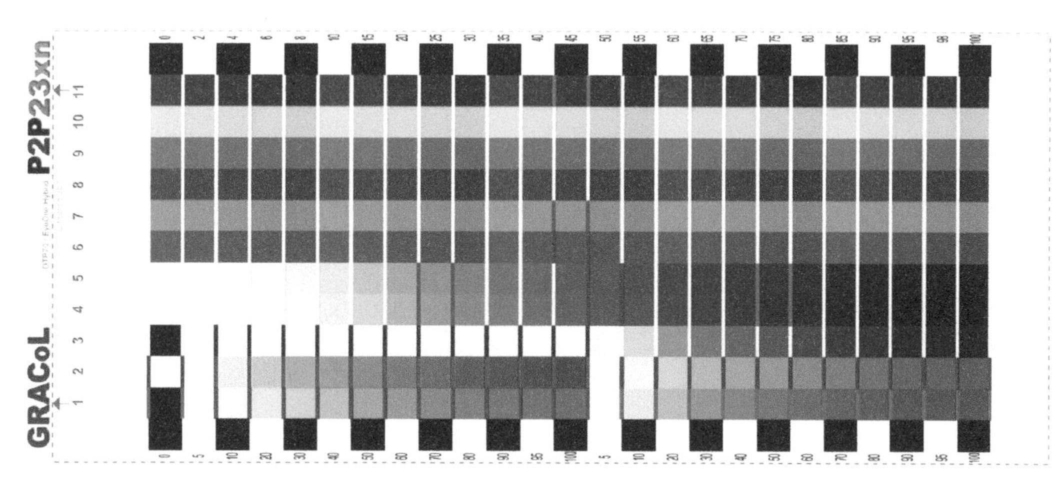

图7-2　P2P测试因子

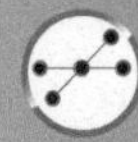

② 灰平衡GrayFinder标准，如图7-3所示。

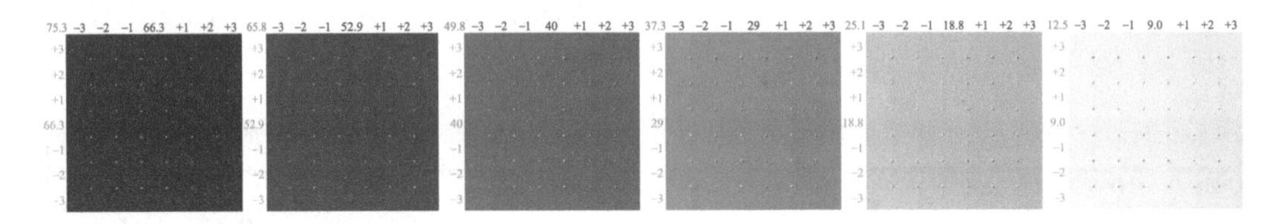

图7-3 GrayFinder

③ 至少在样张中有一个IT8.7/4特征化图表，但如果不确定设备均匀性时，应至少包含两个1T8.7/4图表，且互成180°排列，配成一排。

④ 一条横布全纸张长的半英寸（1厘米）（50C，40M，40Y）的信号条。

⑤ 一条横布全纸张长的半英寸（1厘米）50K的信号条。

⑥ 每个墨区都要有灰色平衡色块（50C，40M，40Y）。整个测试样张也必须包含满版CMYK RGB和50%的CMYK RGB。

⑦ 一些典型的CMYK图像，比如像SCID（标准彩色图像数据）图片库中的图片。

将下列印刷条件标准化，包括油墨的黏度、橡胶布、包衬、压力、润版液、环境温湿度等。印刷过程中尽量不使用干燥系统，色序建议采用K-C-M-Y。最终得到的样张实地密度达到表7-3的要求。网点增大曲线差值在±3%之内，黑版控制在3%～6%，灰平衡色块达到要求，整个印章均匀性好，油墨在各个区域的实地密度不大过±0.05。选出合格样张干燥后进行测量。

表7-3 印刷实地密度要求

实地密度GRACol规范	Y：1.00 误差 ±0.1
	M：1.50 误差 ±0.1
	C：1.40 误差 ±0.1
	K：1.75 误差 ±0.1

4.由测量的数据调节参数

可通过绘图得到网点调节值，NPDC图纸（图7-4、图7-5）可以从www.gracol.org网站免费下载，也可使用IDEAlink Curve来获得调节数据。软件及绘图纸的用法参见G7规范相关资料。

5.将得到的调节数据输入到CTP的RIP中，从而改变页面的网点数据，通过网点来调节印刷机。

6.使用新的RIP曲线，输出新的印版，用相同的印刷条件印刷标准样张，从符合标准的样张中选取至少两张，自然干燥后，用分光光度计测量每一样张的特性数据，取平均值。

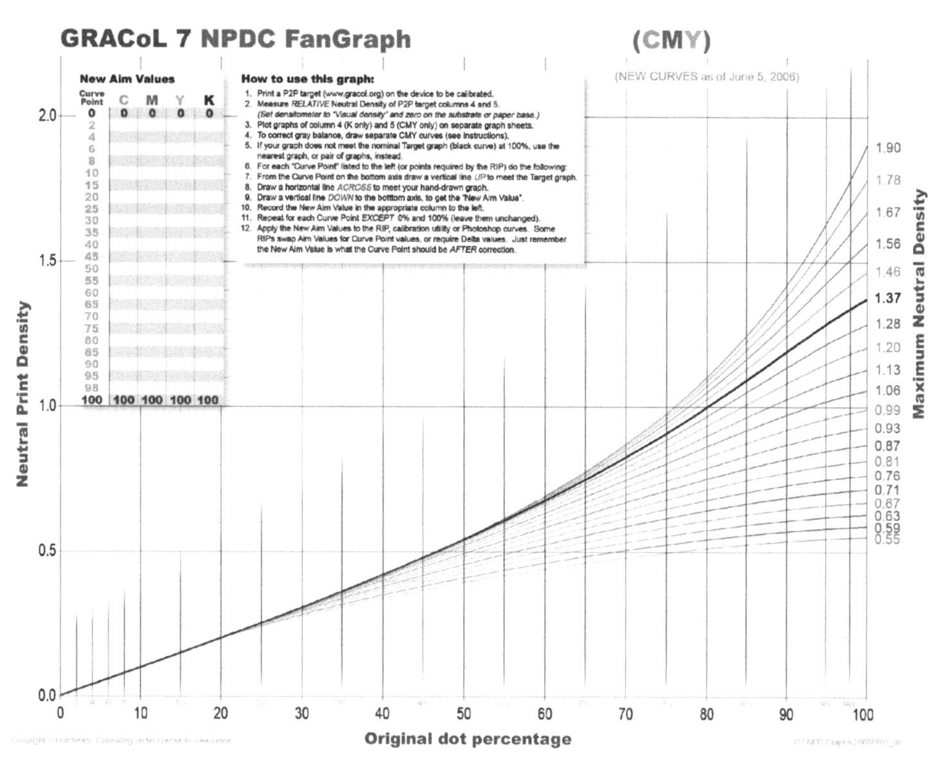

图7-4　NPDC图纸CMY

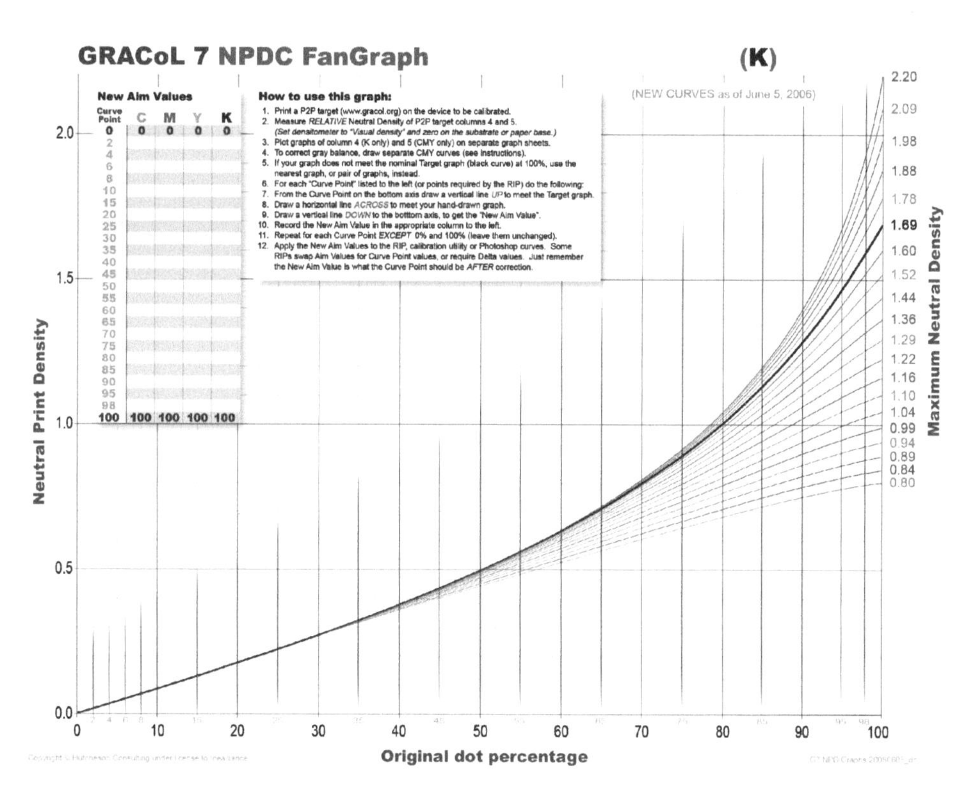

图7-5　NPDC图纸K

7.如果条件允许，再以相同条件进行多次的印刷机操作，从每次的样张中选取合格的样张，为平均化做好准备。

同色彩管理的其他设备一样，印刷设备的校准也不是一次完成就可以了，需要根据生产情况进行周期性的校准，印刷设备的稳定工作还与激光照排机、晒版机、CTP等设备有很大关系，所以，印刷机的校准，要使生产部门内所有的设备的质量达到一致和稳定，所以，可以称为印刷系统的校准或标准化。

课题二十 印刷机特性文件的建立及应用

一、课题要求

1.掌握创建印刷机特性文件的方法。

2.掌握印刷机特性文件的使用方法。

二、实训场地和条件

实训场地：色彩管理实训室。

实训条件：X-Rite Eyeone分光光度计、符合要求的印刷标准样张、Profile Maker。

三、实训指导

打开色彩管理软件Profile Maker 5，选择Printer模块来制作打印机的ICC文件，如图7-6所示。

在Reference Data中选择参考数据，本例中为“ECI2002VCMYK-Sample.txt”，在“Measurement Data”下拉菜单中选择“已经测量完”并保存好“ECI2002VCMYK-Sample.txt”的文件，然后在界面右半部分设置相关参数。

Profile Size（特性文件大小）可选“Default”或“Large”，根据需要进行设置。选“Large”产生的ICC文件体积会比较大，也相对准确性高一些，但内嵌此类ICC后文件后，会使文件大小变大，比如1M变成2M。

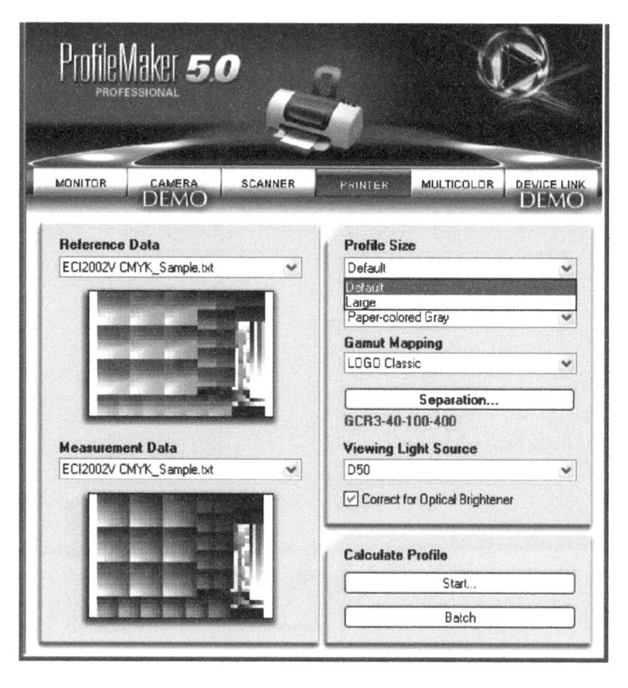

图7-6　Profile Maker Printer模块界面

Perceptual Rendering Intent（中性灰处理方式），可选“paper-colored Gray”或“Neutral Gray”，对于制作印刷机的特性文件，推荐选择“paper-colored Gray（相对于纸张的灰色）”。

Gamut Mapping（色域映射），是为可感知的转换意图专门准备的控制选项，可感知的转换意图为保持图像内颜色之间的色阶关系而整体压缩。此界面有三个选项，如图7-7所示。“Colorful”是尽量保持颜色的色彩关系。“Chroma Plus”是保持颜色的明度关系。“Classic”是保持明度关系同时加上白点不转换。使用时，选择最符合实际状况的一项。

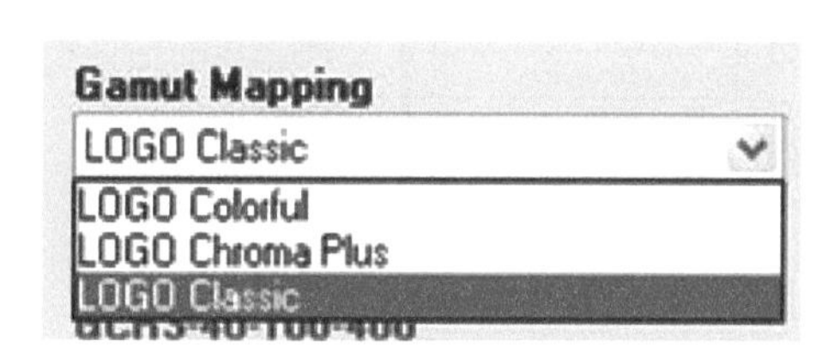

图7-7　色域映射选项界面

Separation（分色）：点击按钮，进入分色面板，如图7-8所示。分色部分的主要参数是分色“方式”、“黑版产生”、“总墨量”三个，具体参数设置根据样张输出的设置来选择，下面将选项进行简单的介绍。

分色的选项如图7-9所示。印刷的分色是一个比较复杂的问题，不同印刷方式，不同设备状况，以及不同复制对象的特点，都会对分色方式提出不同的要求。具体选择哪个分色选项可以参考具体工作情形来定，一般选自定义较多。

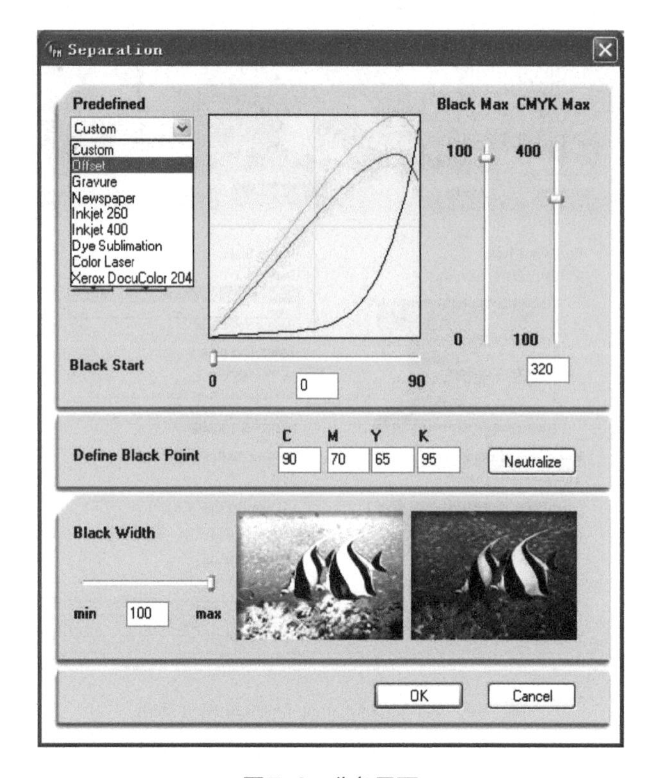

图7-8　分色界面

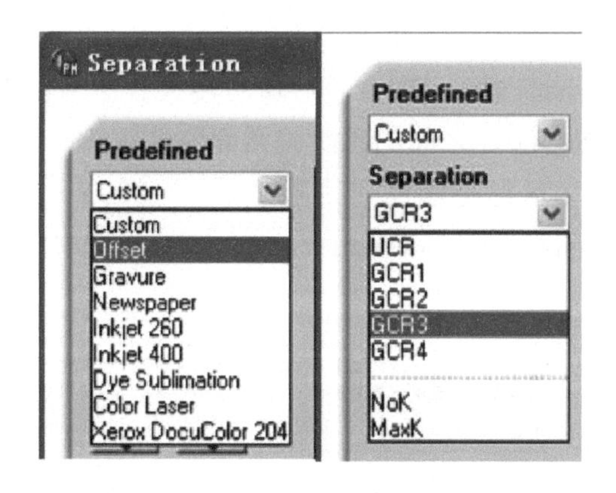

图7-9　分色选项界面

首先，根据印刷方式纸张的不同选择总墨量。对于胶印，新闻纸印刷总墨量一般控制在240%～260%。铜版纸印刷总墨量一般控制在280%～350%。胶版纸印刷总墨量一般控制在290%～340%。轻涂纸印刷总墨量一般控制在280%～300%。轻型纸印刷总墨量一般控制在300%～340%。因为凹印可以堆积墨，总墨量可以是400%。喷墨印刷，如果前端RIP有总墨量控制，就可以选择380%～400%。如果前端RIP没有总墨量控制，可以选择260%～350%（根据喷墨印刷纸张种类和设备状况调整）。丝印总墨量：纺织品是240%～260%，一般纸张是260%～280%。

GCR（灰成分替代）的使用多少，要根据印刷方式、印刷纸张、图片效果综合去考虑。

一般来讲，胶印选择GCR，考虑到胶印常常要印刷比较细腻的人物肖像，而选择较小的GCR（1或2），即少用K去替代CMY。但如果印刷的是国画等以黑白为主的图像，就要多用K，少用CMY，以避免国画中大量的灰色偏色。报纸印刷，因为速度快，纸张差，对图像要求不高，不但总墨量小，而且还要使用比较大的GCR，多用黑色去替代CMY叠加的灰色。

设置好后，点击“OK”回到主界面进行环境光源色温的设置，通常选择D50光源较多。

全部设置完成，如图7-10所示，按“Start”按钮生成ICC文件，将文件保存，基于印刷机的ICC Profile生成。

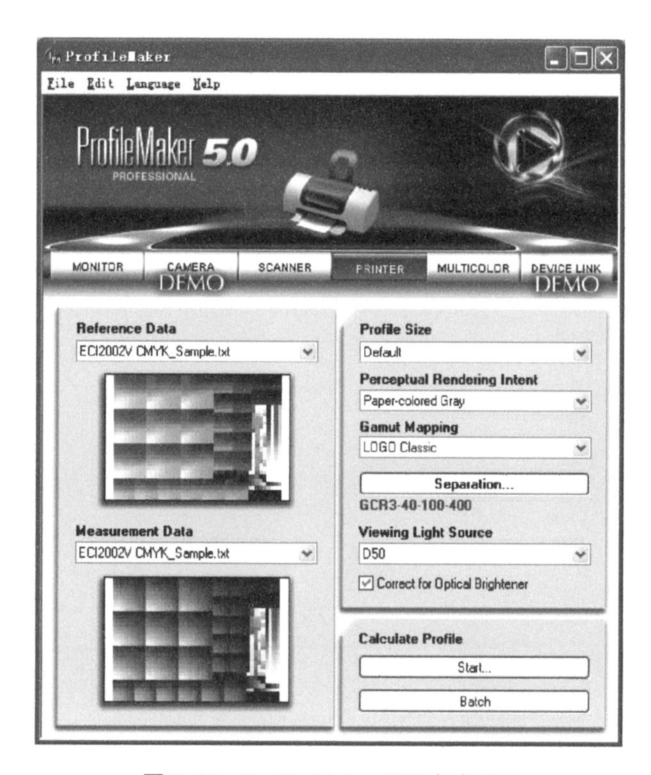

图7-10　Profile Maker设置完成界面

印刷机的特性文件主要用于数码打样输出、屏幕软打样、图像分色、设备链接等情况下使用。数码打样输出时，印刷机特性文件为源特性文件，数码输出设备的特性文件为目标特性文件。屏幕软打样时，作为源特性文件使用，显示器的特性文件为目标颜色空间。设备链接时，作为其中一个特性文件使用。

思考题

1.叙述G7规范校准的步骤。

2.印刷过程控制的参数有哪些？

3.色彩管理与印刷过程控制有什么区别和联系？

单元 8

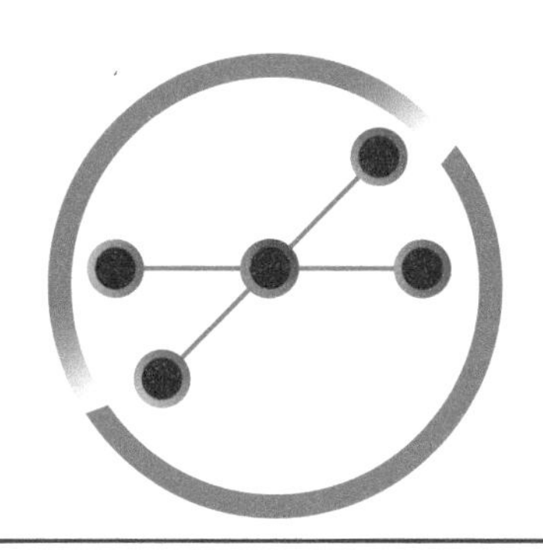

Unit 08

Photoshop中的色彩管理

课题二十一 Photoshop的颜色设置

一、课题要求

1. 掌握Photoshop中工作空间的设置。
2. 了解各个参数适用的范围。

二、实训场地和条件

实训场地：色彩管理实训室或教室。
实训条件：计算机、Photoshop软件。

三、实训指导

在Photoshop中，大部分的色彩管理都是在“编辑”菜单下的“颜色设置”对话框中

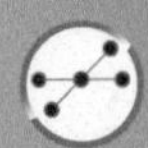

完成的，在此对话框内，可以进行色彩转换与色彩管理的基本设置，包括："工作空间的设置"、"色彩管理方案"、"转换选项"等。

打开"颜色设置"对话框（图8-1），该对话窗口由"设置"部分及控制按钮组成，其中又具体分为"工作空间"、"色彩管理方案"、"转换选项"、"高级控制"和"说明"五个部分。如果没有激活对话框右侧的"较多选项"，则没有"转换选项"和"高级控制"两部分。

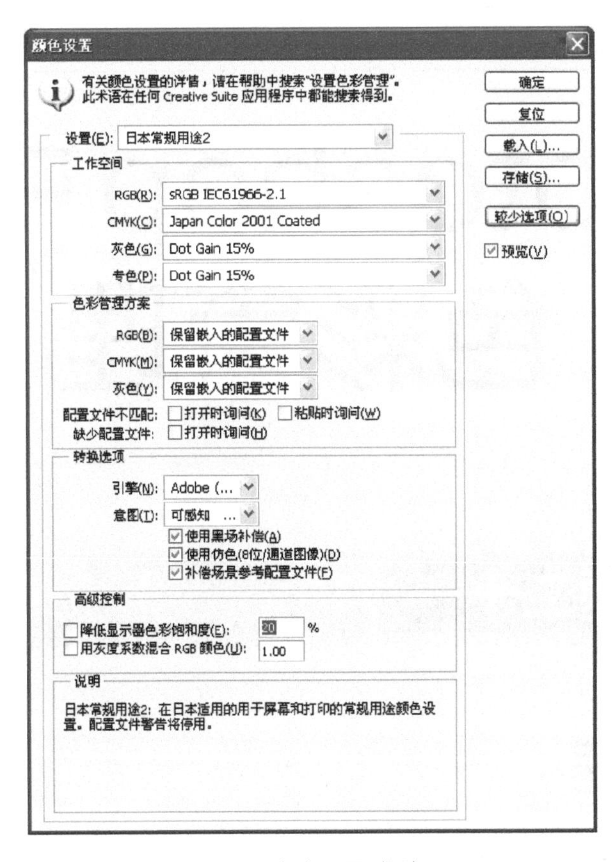

图8-1　颜色设置对话框

1. "设置"部分参数的设定

打开设置的下拉菜单，会看到其中有一系列的选项，它主要是决定采用什么样的色彩管理组合参数。通常在这里进行设置后，下面的选项就已经按照事先组合的设置进行修改了，一般不需要再单独设置了。但当操作人员要对其中一些进行参数设置时，可以直接在下面重新选择参数。修改后可以对组合的参数进行存储，点击对话框右侧的"存储"按钮，即可完成。如果设置下的参数没有可以使用的组合好的参数，则使用"自定"设置。在不同的版本中，可能其中的选项会不太相同，有些里面有"Color Management Off"这一选项，表示不进行色彩管理。

在Windows系统中，这些选项保存在"Program Files\Common Files\Adobe\Color\Settings"文件夹中（默认安装路径条件下）；在MacOS9中，它保存在"Hard Drive\System

Folder\Application Support\Adobe\Color\Settings”文件夹中，文件的扩展名为.csf。

2.工作色空间的设置

工作色空间是指Photoshop用于新建文件时定义颜色所对应的色彩模式的特征，或针对未进行色彩管理控制的图像文件所指定的色彩特征文件。

例如将Adobe RGB（1998）设置为RGB工作空间，则创建的每个新的RGB文档将使用Adobe RGB（1998）色域内的颜色。工作色空间还确定未标记的文档中颜色的外观。如果打开了一个文档，该文档中嵌入的颜色配置文件与工作色空间配置文件不匹配，则应用程序会使用色彩管理方案确定如何处理颜色数据。

（1）RGB工作色空间的设置

RGB工作色空间设置的选项有显示器RGB、Adobe RGB（1998）、Apple RGB、Color Match RGB和sRGB IEC61966-2.1等选项。RGB工作色空间设置只对Photoshop下显示的图像起作用，所选色空间不同，显色效果会不同，如图8-2所示。

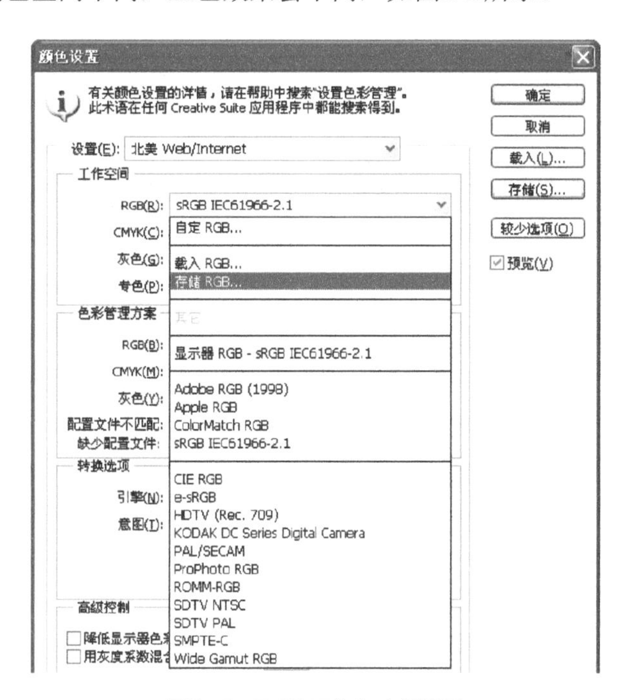

图8-2 RGB工作色空间设置

Adobe RGB（1998）：该色彩空间为RGB图像提供了相当大的色域，特别适用于要转换为CMYK的图像。使用这个色空间要求印刷具有较大的色域。在准备打印文档时建议使用Adobe RGB，它的色域包括一些使用sRGB无法显示的可打印颜色（特别是青色与蓝色）。

Apple RGB：是MAC计算机图像的显示器的色空间。该色空间可以用于多个桌面出版软件。也可以使用这个色空间编辑要用于MAC OS的显示器显示的图，或者用于较早的桌面应用软件编辑的图像。

ColorMatch RGB：这是一个和Radius Pressview显示器色空间相匹配的色空间。它为印刷工作提供的是一个较小的色域范围。

sRGB IEC61966-2.1：是标准RGB的空间，适用于多种硬件和软件，被多数硬件和软件制造商认可和支持，并且是大多数扫描仪的缺省色空间。此外该空间还可用于网络图像。在处理来自家用数码照相机的图像时，sRGB也是一个不错的选择，因为大多数此类照相机都将sRGB用作默认色彩空间。但如果是做印前图像处理的话，建议不要使用这个色空间。

同一幅图选择不同RGB色空间的显示效果。

如图8-3所示，同一幅图中a图为选择sRGB IEC 61966-2.1工作色空间，b图为Apple RGB工作色空间。

(a) sRGB IEC61966-2.1工作色空间

(b) Apple RGB工作色空间

图8-3　不同色空间的显示效果

为了将颜色配置文件嵌入到我们创建的文档中，必须将文档用一种支持ICC配置文件的格式保存或导出，如图8-4所示。

图8-4　嵌入特性文件

在方框所标识的位置内，将ICC配置文件选中，然后保存，这样就把该特性文件嵌入到了所保存的图片内。

（2）CMYK工作空间的设置

CMYK的工作空间应该选择厂家的印刷设备或打样设备的特性文件，这样可以使处理后的图像符合印刷生产的特性，更好地再现色彩。如果没有印刷特性文件，在这里可以选择Photoshop内置的CMYK色空间，最好选用U.S.Web Coated（swop）v2，这是个较高档的设置，也可以根据实际的印刷输出条件自行设定，如图8-5所示。

图8-5　CMYK工作色空间设置

点击自定CMYK，弹出如图8-6所示对话框。在此对话框中用户可以进行印刷输出特性的设定，但由于测量和控制等的影响，通常误差较大，一般较少使用。

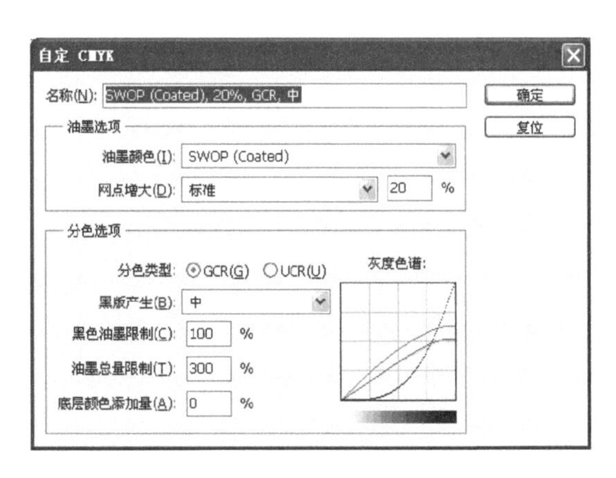

图8-6　油墨与分色选项

（3）灰度工作色空间的设置

在灰度工作空间设置中，应按相对应灰度图像的用途来设置。例如印刷用的灰度图像，可按印刷流程的网点扩大特征来设定，如内置的标准为20%或25%。其次用户也可以进行自定义。如果灰度图像仅供显示用，便可按显示器的Gamma值来设定，即Mac机为1.8，Windows模式下为2.2，如图8-7所示。

颜色设置
有关颜色设置的详情，请在帮助中搜索"设置色彩管理"。
此术语在任何 Creative Suite 应用程序中都能搜索得到。
设置(E): 自定
工作空间
RGB(R): sRGB IEC61966-2.1
CMYK(C): U.S. Web Coated (SWOP) v2
灰色(G): Dot Gain 20%
专色(P):
色彩管理方案
RGB(B):
CMYK(M):
灰色(Y):
配置文件不匹配:
缺少配置文件:
转换选项
引擎(N):
意图(I):
自定网点增大...
自定灰度系数...
载入灰色...
存储灰色...
其它
Dot Gain 10%
Dot Gain 15%
Dot Gain 20%
Dot Gain 25%
Dot Gain 30%
Gray Gamma 1.8
Gray Gamma 2.2
sGray
确定
复位
载入(L)...
存储(S)...
较少选项(O)
预览(V)

图8-7　灰度空间设置

（4）专色色空间设置

专色模式下的工作空间通过印刷网点扩大特征进行设置。在不知道网点扩大特性时，建议选择Dot Gain 20%，比较适合国内多数厂家的印刷条件，如图8-8所示。

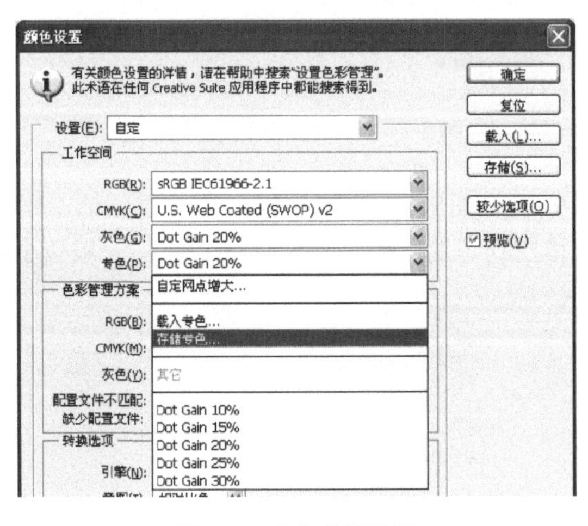

图8-8　专色空间设置

3.色彩管理方案设置

在打开图像文件时，如果碰到图像内嵌的特性文件与当前的设置不同时，或者图像没有内嵌特性文件时该如何处理，这就是色彩管理方案的工作内容。Photoshop可以为RGB、CMYK图像和灰度图像选择不同的方案，同时还可以指定希望警告信息何时出现。

有关设置如图8-9所示，在这里可分别对RGB、CMYK、灰度图像进行设置，但选项是一样的。每种色彩模式图像其色彩管理方案设置分以下三种情况。

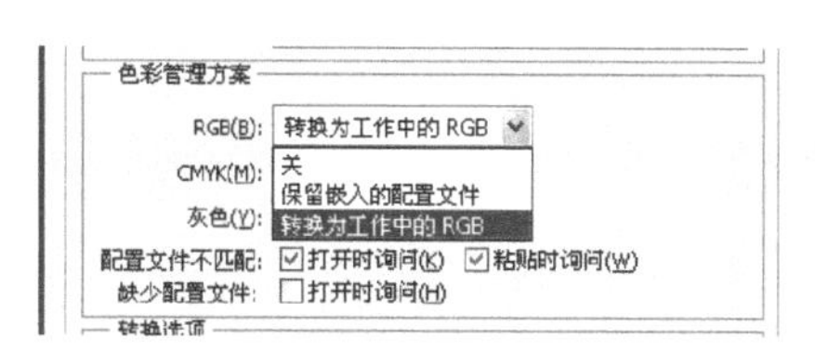

图8-9　色彩管理方案设置界面

➢“关”选项：表示不管打开的图像是否内嵌ICC Profile，关闭色彩管理。

➢“保留嵌入的配置文件”选项：打开文件时，总是保留嵌入的颜色配置文件。对于大多数工作流程建议使用此选项，因为它提供一致的色彩管理。如果打开的图像是RGB或灰度图像，则图像的颜色优先于颜色数据；即保持图形颜色一致。如果打开的图像是CMYK色彩模式的，则保持颜色数据不变。

➢“转换为工作中的RGB”选项：在打开文件和导入图像时，将颜色转换到当前工作空间配置文件。如果您想让所有的颜色都使用单个配置文件（当前工作空间配置文件），则选择此选项。

色彩管理方案下部的复选框（见图中红色线框内区域）是设置在打开或粘贴图像时，遇到内嵌的特性文件不匹配或没有内嵌的特性文件时，要不要显示处理对话框呢？如果默认没有选中，一般建议选上。

4.转换选项的设置

转换选项中主要对色彩管理引擎和再现意图进行设置。Photoshop中提供了两个引擎，Adobe公司的内建模块ACE和Microsoft ICM。对大多数用户来说，默认的Adobe（ACE）引擎即可满足所有的转换需求。

四种基本转换方式为：可感知、饱和度、相对比色和绝对比色，如图8-10所示。

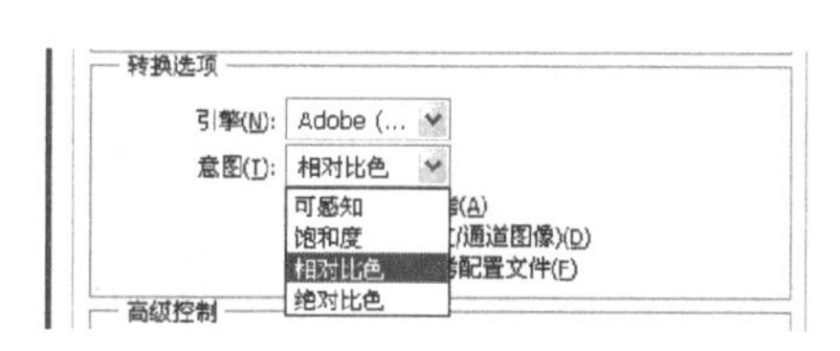

图8-10　色彩管理转换选项设置

➢ 在“引擎”和“意图”下面勾选项：“使用黑色补偿”和“使用仿色（8位/通道图像）”

➢“使用黑场补偿”：确保图像中的阴影详细信息通过模拟输出设备的完整动态范围得以保留。一般建议选择此选项。

➢“使用仿色（8位通道/图像）”：仿色可以使各通道过度平滑连续，防止出现台阶或断带。虽然仿色有助于减少图像的块状或带状外观，但是，当压缩图像用于Web时，也可能增加文件的大小。

5.“高级控制”选项的设置

在Photoshop中，打开颜色设置对话框，然后选择“更多选项”，可显示用于管理颜色的高级控制，如图8-11所示。

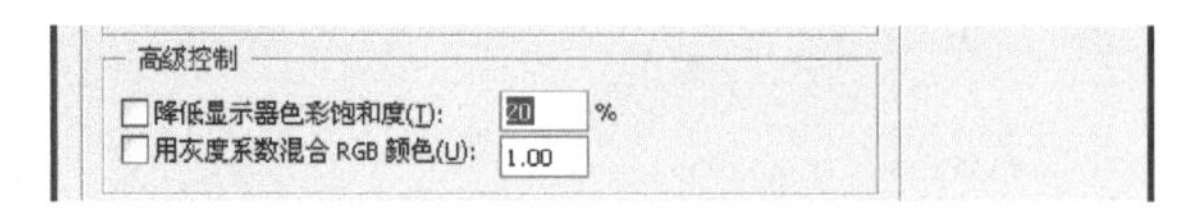

图8-11 色彩管理高级控制选项

➢“降低显示器色彩饱和度”选项：意思是在显示色域较小的显示器上能够显示较多色彩范围的设定。通常设定15%或20%。当取消选中此选项时，图像中不同的颜色可能显示为同一颜色。

➢“用灰度系数混合RGB颜色”选项：控制RGB颜色如何混合在一起生成复合数据（例如，当使用“正常”模式混合或绘制图层时）。当选中此选项时，RGB颜色在相应于指定灰度系数的色彩空间混合。灰度系数1.00被认为是“比色校正”，所产生的边缘应当非常自然。当取消选中此选项时，RGB颜色直接在文档的色彩空间混合。

课题二十二 指定配置文件

一、课题要求

1. 掌握在什么情况下需要进行指定配置文件的操作。
2. 掌握指定配置文件的方法。

二、实训场地和实训条件

实训场地：色彩管理实训室或教室。
实训条件：计算机、Photoshop软件。

三、实训指导

颜色设置对话框的设置主要是对新打开或新建立的文件的处理方法，但经常在处理文档的构成中也要进行特性文件的指定和转换工作。

指定对应的配置文件，可通过Photoshop软件观察不同的输出环境下输出图像的颜色变化，并通过图像处理与编辑图像色彩的调节。使用此命令时，可以看到图像由于所指定的设备特征文件的不同，而出现色彩的转变，但这种方式并不是通过转换图像源数据的方式实现，仅仅是利用设备特征文件，结合显示器特征文件，在Photoshop软件中模拟设备表现色彩的方式。

如要执行指定配置文件，则执行“编辑/指定配置文件”，则弹出如图8-12的对话框，有三个选项，选择选项，并单击“确定”。

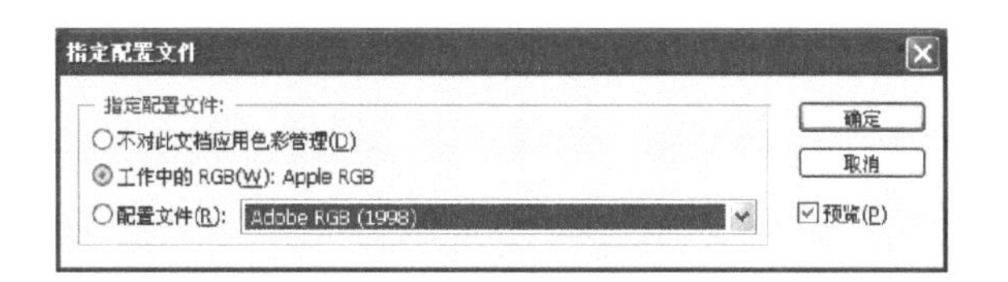

图8-12　指定配置文件

第一种情况为图像文件不需要进行色彩管理，即图像文件中嵌入了设备特征文件，而生产中不需要将此特征文件作用于图像的效果，则此时可将该特征文件丢弃。

第二种情况为将图像文件以RGB或CMYK工作空间中的色彩模式进行模拟，通过显示设备特征文件模拟图像文件以工作空间的色彩模式显示的效果。

第三种情况为将图像文件以指定的设备特征文件的色彩空间进行模拟，即模拟图像在指定设备上复制的颜色效果。

用户使用时，需要根据各自不同的用途进行选择，值得注意的是图像文件经过此过程，图像显示的效果会发生明显的变化，但图像的源颜色值并不发生变化，即计算机中的数据并没有发生变化。因此，如果用户需要获得图像输出的实际变化效果，必须对图像数据进行转换，这时才能真正获得输出的颜色效果。

课题二十三　转换为配置文件

一、课题要求

1. 掌握何时要进行转换为配置文件的操作。
2. 掌握转换配置文件的方法。

二、实训场地和实训条件

实训场地：色彩管理实训室或教室。
实训条件：计算机、Photoshop软件。

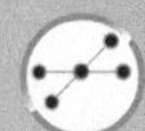

三、实训指导

当用户需要通过指定的设备进行输出或显示时，可通过Photoshop软件将图像文件的色彩转换为不同输出设备下的图像颜色数据，从而实现图像色彩在不同的输出设备复制效果的一致性。使用此命令时，可以看到图像由于所指定设备特征文件的不同，而出现图像上像素点的颜色值发生了变化，但图像尽量保留原来的颜色外观。这种方式通过转换图像源数据的方式实现图像在不同设备特征下的输出控制。

如要执行指定配置文件，则执行“编辑/转换为配置文件”命令，弹出如图8-13的对话框。

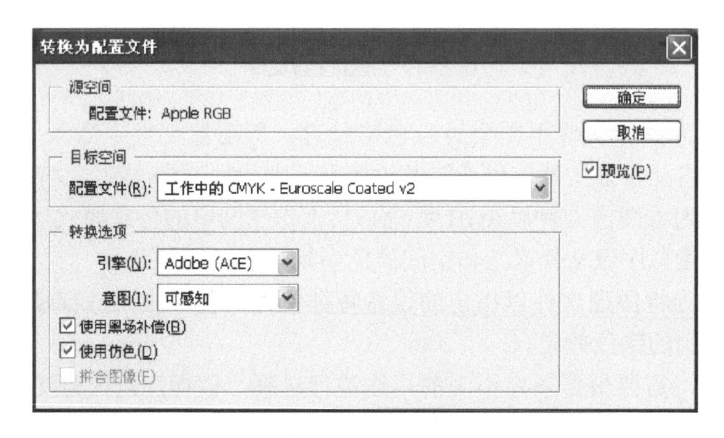

图8-13　转换配置文件

选择此方法处理图像时，首先根据用户需求选择目标空间，即输出设备的色彩模式或设备特征文件；其次可根据特征文件的转换特点，选择色彩转换引擎（色彩转换的模块）与色彩转换意图（色彩转换方式）等转换参数，具体可参见前文。若要在转换时将文档的所有图层拼合到单个图层上，请选择“拼合图层”。若要预览文档的转换效果，请选择“预览”。如果选择“拼合图层”，预览会更准确。

课题二十四　屏幕软打样

一、课题要求

1. 了解什么是软打样。
2. 掌握Photoshop中软打样的方法。

二、实训场地和实训条件

实训场地：色彩管理实训室或教室。
实训条件：计算机、Photoshop软件。

三、实训指导

屏幕软打样就是在屏幕上仿真显示输出效果的打样方法。软打样通过使用显示器色域空间模拟输入输出设备色域来显示印刷品最终的图像效果。即以显示器代替原来的纸张等介质观察最终的印刷效果。

当利用进行屏幕软打样时，首先要选择合适的显示器：尺寸不小于17英寸，分辨率高于1024dpi×768dpi，而且色域范围一定要大于要模拟的印刷色域。SWOP推荐的可用于软打样的显示器主要有：Barao显示器、Sony的特丽珑显示器、三菱的钻石珑显示器、Apple液晶显示器和Eizo显示器。

确定好符合要求的显示器后，接下来的工作就是显示器的校准工作了，具体参见相关内容。

紧接着就可以利用Photoshop软件来启动屏幕软打样功能了。启动视图菜单下的校样颜色命令便可启动屏幕软打样功能，但常用的方法是通过校样设置命令首先设置屏幕软打样所要模拟的实际色彩空间及其色彩转换控制参数，如图8-14所示。

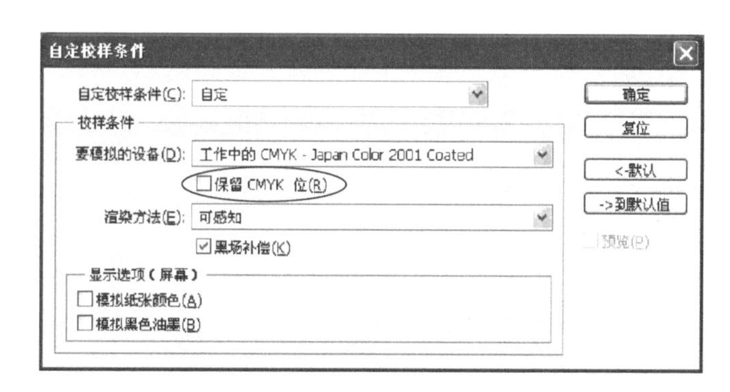

图8-14 Photoshop软件中校样设置

在Photoshop中，如果希望将自定校样设置作为文档的默认校样设置，请在选择“视图”/“校样设置”/“自定”命令之前关闭所有的文档窗口。

➢“要模拟的设备”选项设置

该选项提供了对软打样所要模拟的目标设备色彩空间的选择，只要目标设备色彩空间的设备特征文件已经存放在操作系统的系统文件夹中，就可被直接调用。使用软打样

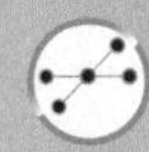

功能时，用户需要根据打样生产的实际需求选择正确的输出设备特征文件。

单选框“保留颜色位（CMYK或RGB）”（图中椭圆框所示），该选项仅在同一类设备色彩空间的色彩转换与模拟的过程中有效，即当从一个RGB设备色彩空间转换到另一个RGB设备色彩空间，或从一个CMYK设备色彩空间转换到另一个CMYK设备色彩空间时才会被激活。它能够显示为一个打印工艺准备的CMYK文件在另一个打印工艺中是如何输出的，在这种情况，使用该单选框尤其有用，它可以帮助用户决定，对于一个已选的输出设备，是否需要进行适当的转换或编辑才能正常工作。

➢“渲染方法”

色彩转换意图规定了处理从大色域设备色彩空间转换到小色域设备色彩空间的方式。Photoshop支持ICC标准所提出的四种色彩转换方式，即可感知、饱和度、相对比色和绝对比色。

使用黑场补偿：该选项用于控制与调整从图像源设备色彩空间转换到目标设备色彩空间过程中的黑场差异。选择此项使得图像源设备色彩空间的黑场映射为目标设备色彩空间的黑场，以便图像源设备色彩空间的整个动态范围映射到目标设备色彩空间的这个范围，可避免图像暗调层次的损失。

➢“显示选项”设置

此项参数用于控制从打样目标色彩空间到显示器色彩空间的色彩转换。

选择模拟纸张颜色时，将采用绝对色度匹配方式进行色彩转换。此方式可在显示器上模拟显示由目标设备特征文件所定义的实际承印物的底色，以及底色对图像色彩的影响。选中此项的同时，模拟黑色油墨选项将变灰，不能启用。

模拟黑色油墨选项被选中时，将自动关闭黑场补偿功能。如果打样设备色彩空间的黑场比显示器的黑场亮，软打样结果看到的将是发白的黑色。

如果两个选项都不选，从打样设备色彩空间转换到显示器色彩空间时，将根据相对色度匹配方式进行转换，此时可进行黑场补偿。这意味着目标设备色彩空间的白场和黑场分别采用显示器的白场和黑场来再现。

图像处理软件通过软打样的功能可真实地在显示器上观察到图像输出后的效果，从而提高了色彩复制的一致性。要保存自定校样设置，请单击“存储”。要确保新的预设能够出现在“视图”/“校样设置”菜单上，请将预设存储在系统默认的文件夹内。

用户可以为同一个文档打开多个软打样窗口，可以同时模拟该文件在不同输出条件下的实际效果。建议用全屏的效果去查看软打样的效果，这样可以避免桌面上其他部位的光对人眼所产生的影响。

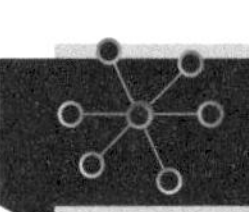

课题二十五　打印输出控制

一、课题要求

掌握Photoshop软件中的打印色彩管理控制功能。

二、实训场地和实训条件

实训场地：色彩管理实训室或教室。
实训条件：计算机、Photoshop软件。

三、实训指导

Adobe Photoshop软件能够对发往打印机的数据进行颜色转换，这可使一些高级用户在没有专业色彩管理输出软件的情况下，通过此功能完成基本的色彩管理输出控制，达到类似数码打样的功能。在Photoshop中执行文件菜单下的“打印”，弹出如图8-15对话框。

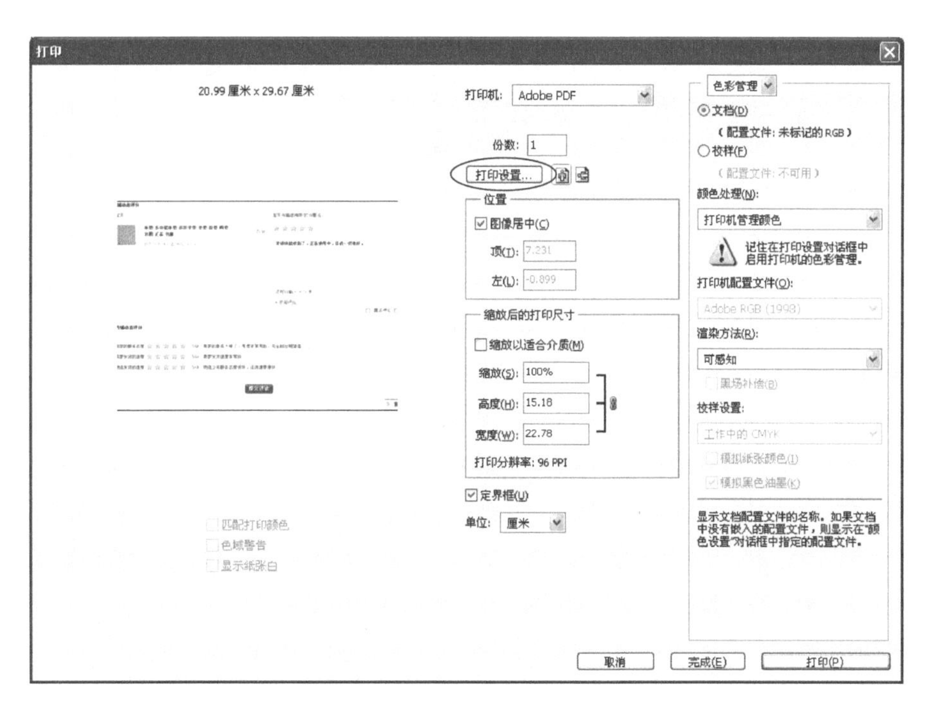

图8-15　打印对话框

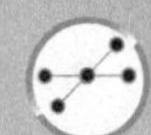

在打印对话框右侧部分，选择色彩管理选项，下面部分既是对打印文件的色彩管理控制区域。

选择“文档”选项：将使用文档内嵌的特性文件作为源特性文件，如果文档没有内嵌特性文件，则显示使用Photoshop颜色设置命令中设置的特性文件。

选择“校样”选项：会在后面显示打样设备的特性文件，并执行从文档特性文件到打样设置的特性文件之间的转换。

“颜色处理”选项设置：该下拉菜单有3个选项。

➢ 选项“打印机管理颜色”，选择该选项要确定打印机设置中开启了色彩管理功能。此时，该选项的设置将颜色数据传送到打印机，进行从源色空间到打印机色空间的颜色转换。选此项时要在打印设置选项中启动打印机色彩管理功能。

➢ 第二个选项“Photoshop管理颜色”，选择该选项关闭了打印机的色彩管理功能。此时，颜色数据传送到打印机，这些颜色数据是由源色空间设置所控制。选此项时要在打印设置选项中关闭打印机色彩管理功能。

➢ 第三个选项“分色”，选择该选项要单独打印文档的单个通道，并且不更改颜色数，用于在印刷机上印刷分色版和专色版。选此项时要在打印设置选项中关闭打印机色彩管理功能。

启动或关闭打印机色彩管功能，要通过打开打印面板中的“打印设置”选项（图中椭圆框处），选择“纸张/质量”选项卡，如图8-16所示。点击“高级”按钮，弹出图8-17所示对话框。在面板中可以通过图像颜色管理处，通过选项启动或关闭打印机色彩管功能。

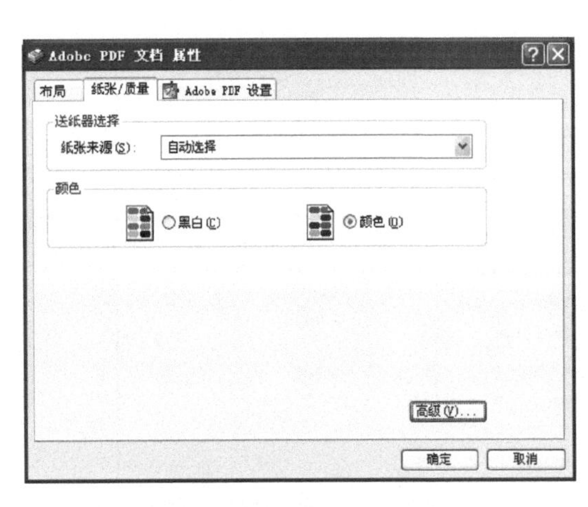

图8-16　打印设置对话框

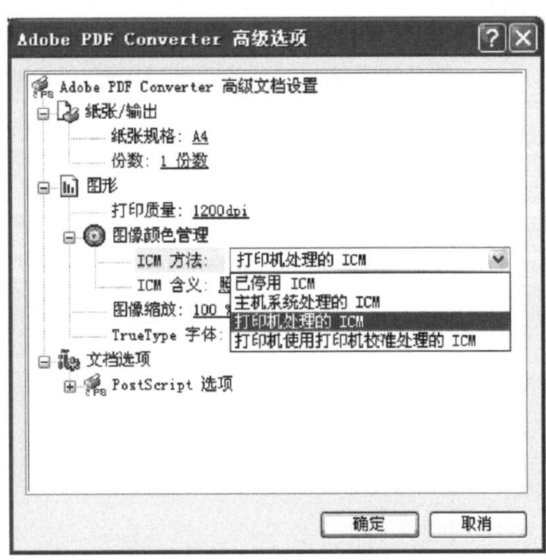

图8-17　打印机色彩管理控制对话框

渲染方法可选择四种基本的色彩转换方式。

校样设置选项：当在打印设置中选择“校样”选项，则该选项可选。通常，要使用Photoshop输出校样时选用。选择“模拟纸张颜色”，则会选择“绝对比色渲染方法”模拟颜色在设备纸张上的样子，生成的图像高光部分会显的暗一些。选择“模拟黑色油墨”，会得到较为精准的深色样张，如不选，则会以尽可能深的颜色打印最深的部分，无法实现精准模拟。

思考题

1.Photoshop软件中颜色设置起什么作用?
2.在什么情形下需要指定配置文件?
3.转换为配置文件后文件的数据发生了改变没有?
4.何时需要转换为配置文件?
5.屏幕软打样的原理是什么?
6.在Photoshop软件中的打印色彩管理控制功能如何操作?

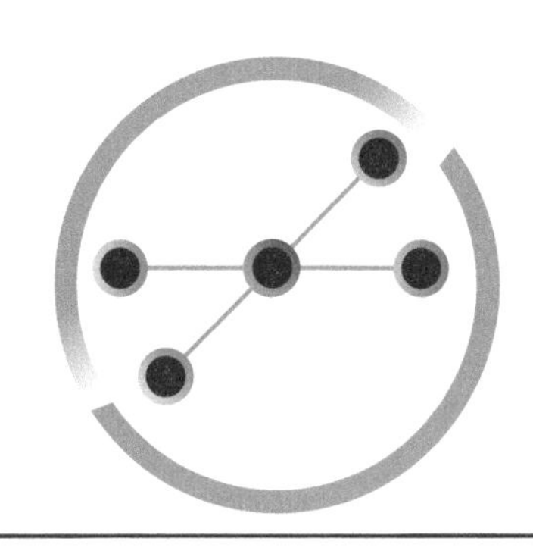

Unit 09

PDF文件的色彩管理

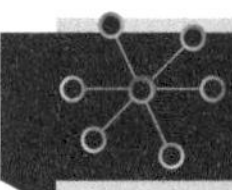

课题二十六 生成PDF文件时进行色彩管理

一、课题要求

1. 了解各种软件生成PDF文件的方法。
2. 掌握常见软件生成PDF文件时的色彩管理操作。

二、实训场地和实训条件

实训场地：色彩管理实训室或教室。
实训条件：计算机、Adobe Illustrator、Adobe Indisign和Acrobat Distiller软件。

三、实训指导

PDF文件是现在印前常用的文件格式，许多软件都可以生成PDF文件。最常用的即在生成文件的同时进行色彩管理。

PDF格式有多个版本，不同版本对色彩管理的支持不太相同。

PDF1.2版本：它是一种与ICC完全无关的格式形式，不支持任何ICC色彩特性文件。

PDF1.3版本：它允许插入的页面元素携带各自的ICC色彩特性文件。

PDF1.4版本：不仅支持使用ICC色彩特性文件，还支持透明效果。

PDF1.5版本：支持使用ICC色彩特性文件、透明效果，以及包括JPEG2000在内的更佳的压缩方式，并且在文档加密上有所改进。

PDF1.6版本和PDF1.7版本等色彩管理方面与PDF1.5版本相同。PDF1.7版本已经成为一个正式的ISO标准。

一、使用Adobe Illustrator软件生成PDF文件时的色彩管理

在Adobe Illustrator软件中，如果要对制作的文件进行色彩管理，首先要做好软件的基本颜色设置。通过编辑菜单，打开颜色设置对话框，如图9-1所示，这个对话框的选项基本和Photoshop相同，设置可参阅课题二十一。

利用该软件生成PDF文件，只需在存储文件时，选择Adobe PDF格式，然后在弹出的“存储Adobe　PDF”对话框中点击输出选项，如图9-2所示。在“标准”选项中，有多个PDF版本可以选择（图9-3），当选择相应的版本时，颜色选项中的选项会有特定的组合，用户也可以在此基础上进行自行设定，以满足作品的要求。在PDF/X选项中，“输出方法配置文件名称”选项，可以选择文件需要的色空间特性文件，然后点击“存储PDF”即可将特性文件嵌入所生成的PDF文档中，如图9-4所示。

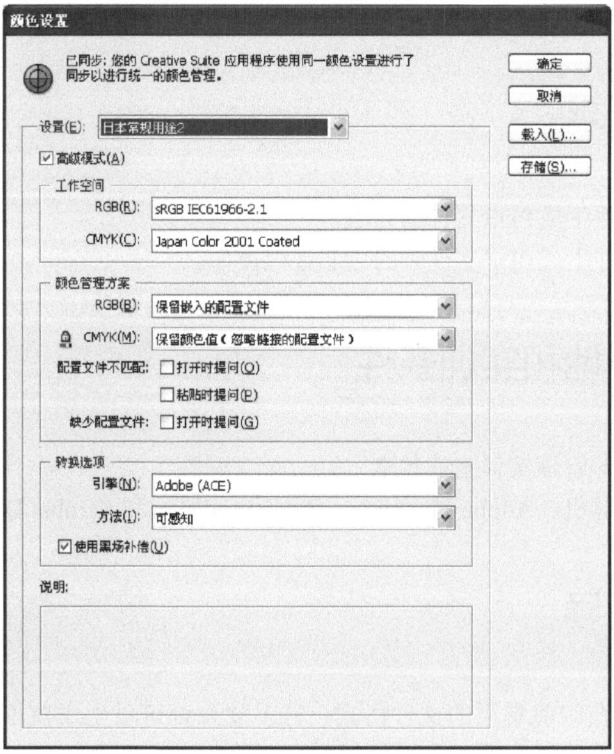

图9-1　颜色设置主界面

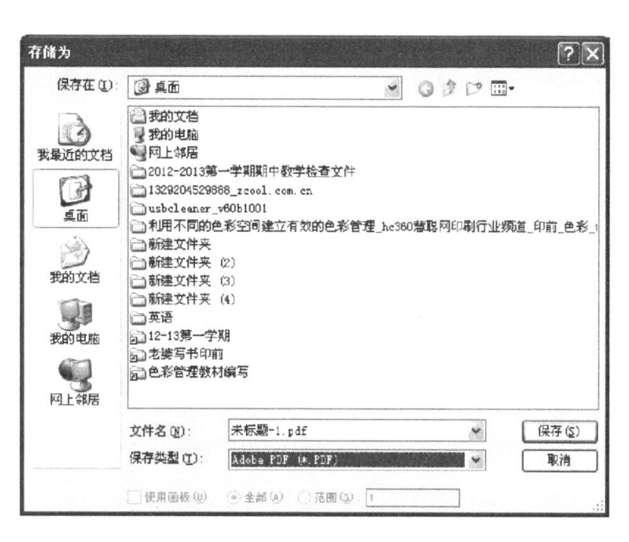

图9-2　保存PDF文件

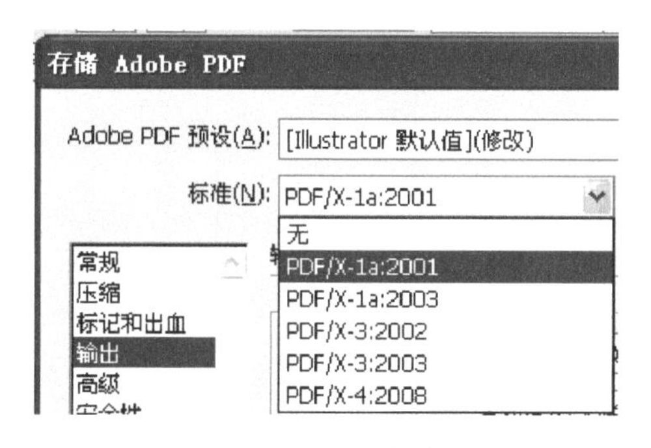

图9-3　PDF版本

图9-4　保存PDF文件参数设置

二、使用Adobe Indesign软件生成PDF文件时的色彩管理

在Adobe InDesign可以直接导出PDF文件，该软件生成的PDF文件可以全面支持色彩管理的功能，既可以在PDF文件中为每个对象内嵌设备特性文件，也可以不内嵌，或是两种情形同时存在。

执行“文件/Adobe PDF预设”，出现下拉菜单，如图9-5所示。

图9-5　命令界面

根据作业需要，选择相应格式。则弹出“导出”对话框，对PDF文档先进行保存，如图9-6所示。

图9-6　导出界面

再弹出“导出Adobe PDF”对话框。选择“输出”选项对色彩管理部分进行设置。颜色部分可以设置颜色转换的方式：有“无颜色转换”、“转换为目标配置文件”、“转换为目标配置文件（保留颜色值）”三个选项，目标设置为目标设备特性文件。在下面的PDF/X的选项中，为文件指定配置文件，如图9-7所示。

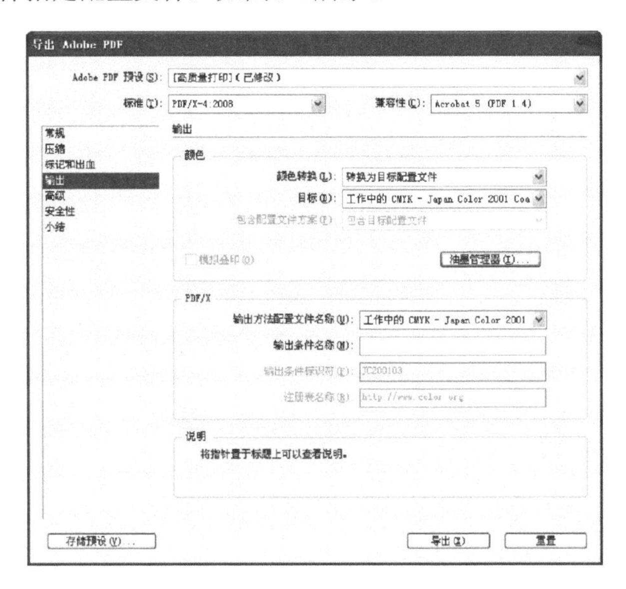

图9-7　导出PDF文件对话框

三、在Adobe Distiller中生成PDF文件时的色彩管理

Adobe Distiller是专门生成PDF文件的一个软件，PS文件和EPS页面文件可以直接在这个软件中转换为PDF。在转换时可以给文件进行色彩管理。

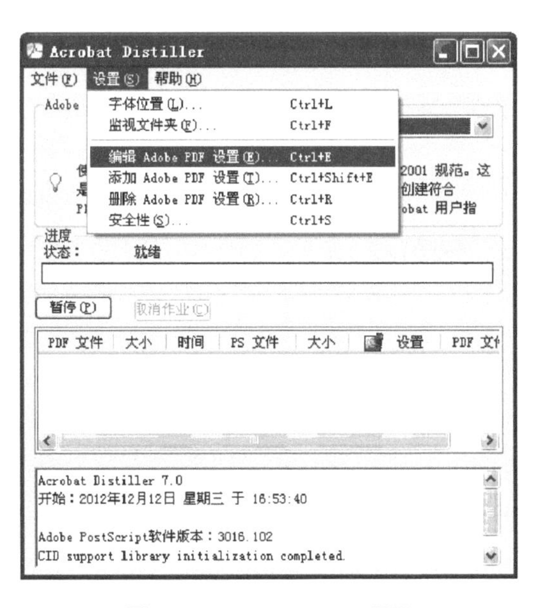

图9-8　Adobe Distiller界面

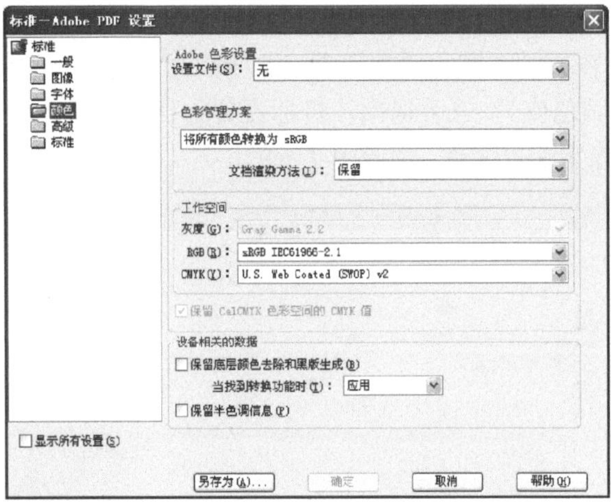

图9-9 Adobe Distiller色彩管理操作界面

打开Adobe Distiller后，执行设置/编辑Adobe PDF设置，进入图9-8的界面。点击“颜色”，打开图9-9的界面，就可以进行色彩管理设置。注意，在图中“设置文件”处有许多默认的选择，其色彩管理方案和工作空间设置基本是固定的，不能进行修改，在这里选择“无”，其下的色彩管理方案和工作空间设置可以进行用户设置了。设置好后，生成PDF文件就会按照工作空间的设定，嵌入相应的ICC特性文件。

课题二十七 PDF配置特性文件的查看

一、课题要求

1. 掌握对PDF文件查看特性文件的方法。
2. 了解Enfocus Pitshop Professional的作用。

二、实训场地和实训条件

实训场地：色彩管理实训室或教室。

实训条件：计算机、Adobe Acrobat软件及Enfocus Pitshop Professional插件。

三、实训指导

PDF是常用的一种文件格式，PDF文件是否配置了特性文件，用户可以用Enfocus Pitshop Professional软件来查看。

Enfocus Pitshop Professional是为Acrobat开发的一个插件，安装后，打开Adobe Acrobat软件，就可以在界面中看到Enfocus Pitshop Professional的控制菜单了。

打开要查看特性文件的PDF文件（图9-10），选中对象，然后点击“Show Inspector”按钮，会打开如图9-11所示对话框，显示所选中对象的ICC特性文件（椭圆框标注）。

下方的“Change Into”部分可以更换特性文件，根据文件的需求点击下方的“Gray、RGB、CMYK或Spot Color”，则弹出图9-12所示对话框，告知操作者选中对象来自于什么软件的颜色设置，是否要继续编辑还是放弃操作。

图9-10　Adobe Acrobat界面

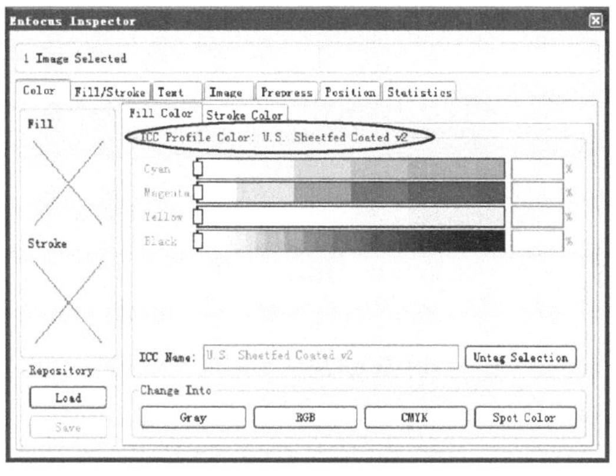

图9-11　特性文件查看界面

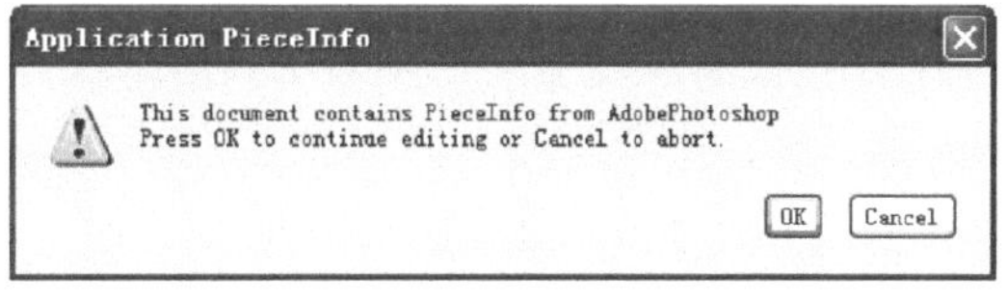

图9-12　询问是否继续更换界面

选择“OK”，继续编辑，则图9-13对话框的特性文件设置选项被激活，用户可以根据需要更换所选对象的特性文件。

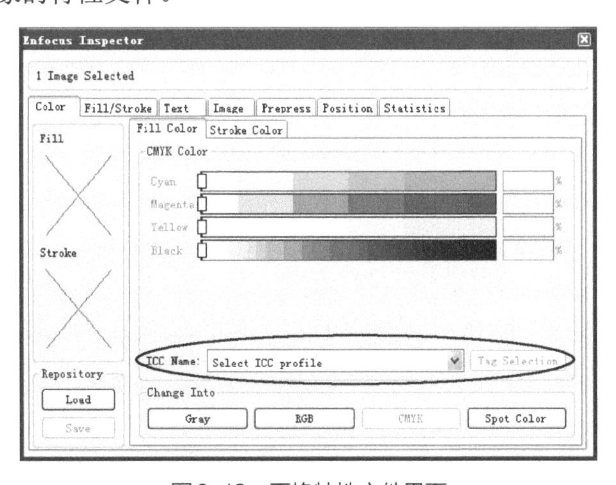

图9-13　更换特性文件界面

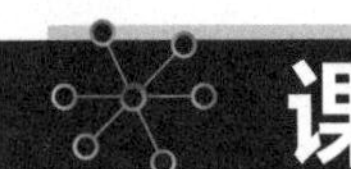

课题二十八 特性文件的配置及转换

一、课题要求

1. 了解pdf Color Convert插件。
2. 掌握pdf Color Convert中特性文件的配置及转换。

二、实训场地和实训条件

实训场地：色彩管理实训室或教室。
实训条件：计算机、Adobe Acrobat软件及PDF Color Convert插件。

三、实训指导

当工作中的PDF文件没有配置特性文件时，要为整个页面整体嵌入某个ICC文件，可以使用Callas公司的pdf Color Convert软件对该PDF文件进行色彩管理设置，嵌入ICC特性文件。pdf Color Convert是Adobe Acrobat插件，安装在Adobe Acrobat Professional的“增效工具”下（图9-14）。执行“增效工具/pdf Color Convert”命令，打开进入其主界面（图9-15）。

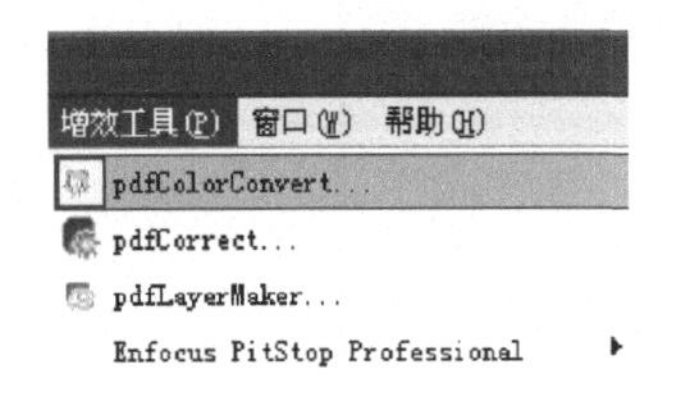

图9-14 pdf Color Convert命令菜单界面

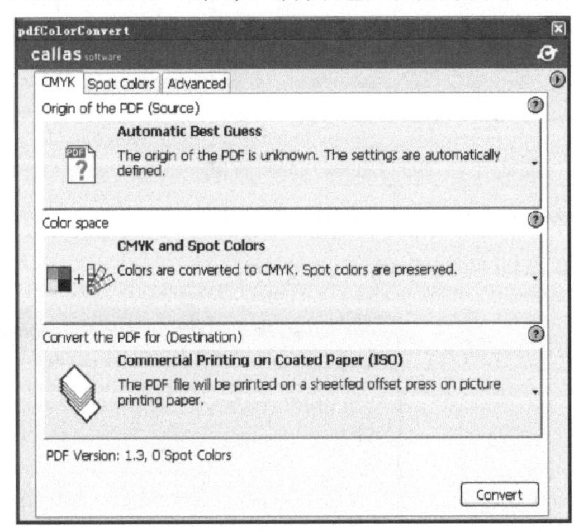

图9-15 pdf Color Convert主界面

“Origin of the PDF（Source）”是给文件定义源色空间的，这里提供以下常用的选项供用户选择，如图9-16所示。选择“Custom”，可以自行设定，见图9-17。在这里可以分别对页面的CMYK图像、RGB图像和图形文字的源色空间进行设置。选中“Discard”表示扔掉PDF文件原来的ICC特性文件，“Conver to Destination”表示将PDF文件转换到“Default Profile”下设定的色空间。

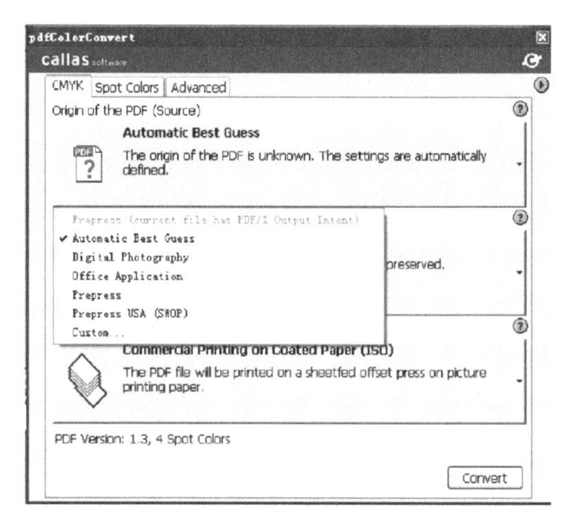

图9-16 PDF源色彩空间设置界面

图9-17中为pdf文档各个对象进行Custom设定。图像部分的设定是：RGB图像的设定是sRGBIEC61966-2.1色空间，CMYK图像设定的是ISO Coated v2（ECI）色空间，Discard选中，Gray图像Discard选中。为文字和图形进行的设定是：RGB模式的设定是sRGBIEC61966-2.1色空间；CMYK模式的U.S.Web Coated（SWOP）v2色空间，Discard选中；Gray图像Discard选中。设定好后，点击“OK”，回到主界面，点击右下角的“Convert”按钮，才能完成特性文件的配置。

pdfColorConvert: Custom Origin

	RGB	CMYK	Gray
Images			
Embedded Profiles	☐Discard	☑Discard	☑Discard
Convert	☑Convert to destination	☑Convert to destination	☐Convert to destination
Default Profiles	sRGB IEC61966-2.1	ISO Coated v2 (ECI)	Dot Gain 20%
Rendering Intent	From PDF	From PDF	From PDF
Black Point Compensation	☑Apply	☑Apply	☑Apply
Text and Graphic			
Embedded Profiles	☐Discard	☑Discard	☑Discard
Convert	☑Convert to destination	☑Convert to destination	☐Convert to destination
Default Profiles	sRGB IEC61966-2.1	U.S. Web Coated (SWOF	Dot Gain 20%
Rendering Intent	From PDF	From PDF	From PDF
Black Point Compensation	☑Apply	☑Apply	☑Apply

OK Cancel

图9-17 Custom设置界面

这样，原来没有嵌入特性文件的对象会嵌入对应的ICC文件。原来有特性文件的，如果选中了Discard选项，则不考虑原来的特性文件，直接将其转换到指定的色空间，没选Discard选项，则执行从源色空间到指定ICC文件的色空间转换。

pdf Color Convert主界面中“Color Space”是进行色空间转换时的目标颜色的设定，如图9-18所示。根据最终需要得到什么颜色的文件来进行选项的确定。对于印刷来说，如有专色，要选择“CMYK and Spot Colors”。

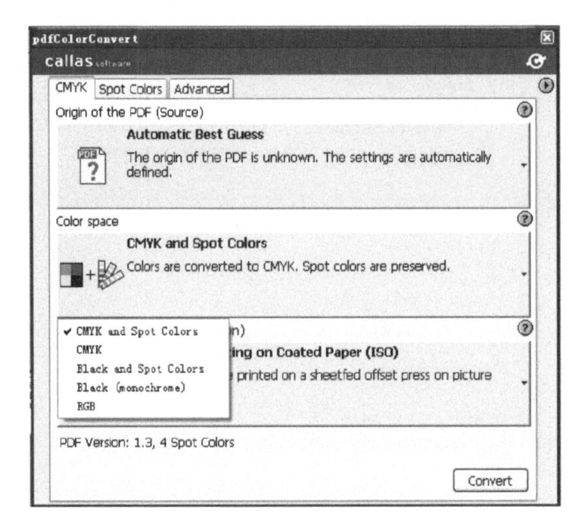

图9-18　Color Space设置

pdf Color Convert主界面中“Convert the PDF for（Destination）”的含义就是将PDF文件的颜色转换到一个输出的目标色空间。此操作将把目标色空间嵌入到PDF文件中。这里有一些常用的印刷色空间可选，如图9-19所示。在这里用户也可自行设定，选择“Custom”就进入到用户设定的界面，如图9-20所示，在此用户可以选择自己的色空间特性文件。

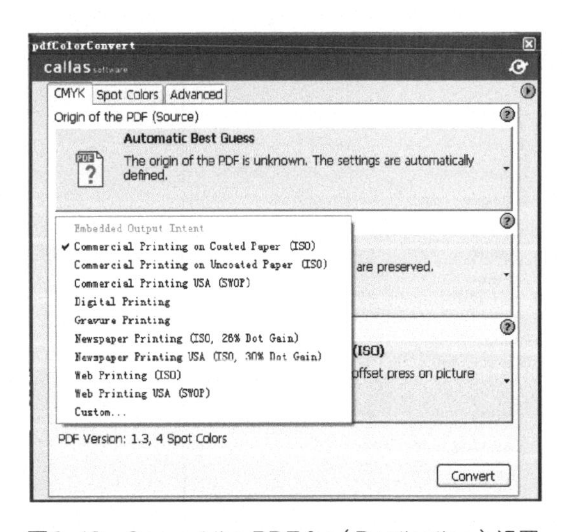

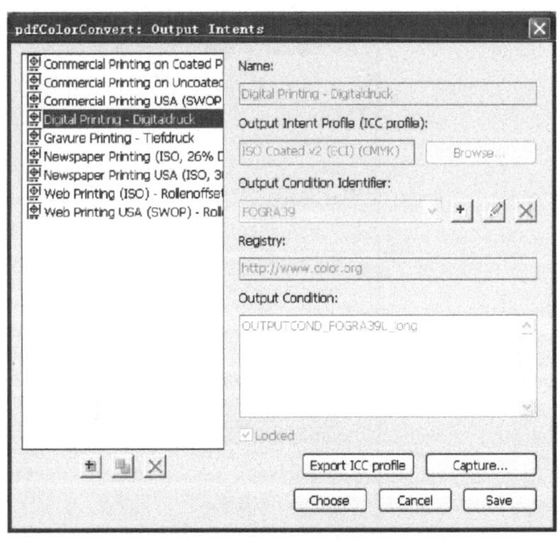

图9-19　Convert the PDF for（Destination）设置　　　　图9-20　Custom设置界面

上面所有的设置都在执行pdf Color Convert主界面的“Convert”才会起作用。

思考题

1. 有哪些方法可以查看PDF文件的特性文件?
2. 如何更换PDF文件的特性文件?

单元
10

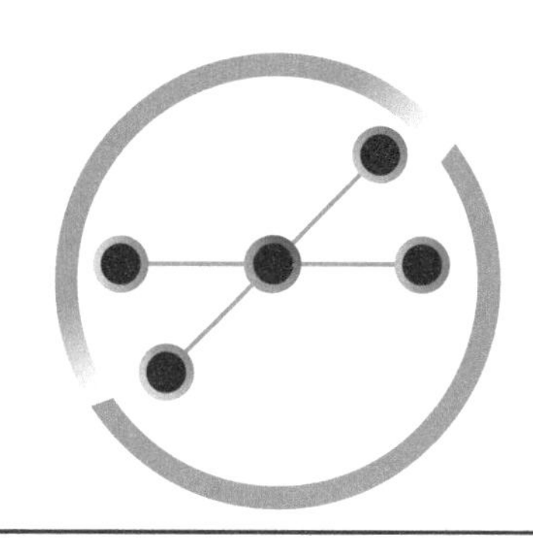

Unit 10

设备链接

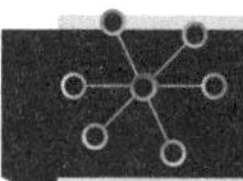

课题二十九 设备链接

一、课题要求

1. 掌握设备链接的内涵。
2. 掌握常见的设备链接方法

二、实训场地和实训条件

实训场地：色彩管理实训室或普通教室。
实训条件：计算机、Profile Maker或其他。

三、实训指导

在生产过程中，经常遇到印刷机台出现问题，需要临时调到其他机台进行印刷，但原来制作好的文件已经进行了色彩管理，现在需要对文件进行色彩转换，将文件的特性文件转换为更换后机台的特性文件。如果按照ICC色彩管理的原理，需要将文件的原CMYK色空间转换到PCS中间色空间，再转换到新的CMYK色空间。在转换过程中，可能会丢失一些重要的颜色信息。比如，在四色CMYK中，有单黑，但是转换到中间色空

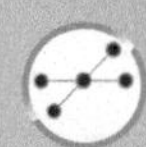

间，再转换到新的CMYK色空间时，可能会转换成CMYK四色构成的黑色。这样对于细小的线条或文字，在印刷过程中，会容易出现套印不准等故障。

对于上面这样的情况，原本的色彩管理就出现了问题。解决方法就是采用设备链接特性文件。

设备链接（Device link）特征文件是由源设备空间直接转换到目标设备空间的一种转换用特征文件，一般用于颜色由一个输出设备直接转换到另外一个输出设备。用Device link profile进行颜色转换则不需要经过PCS空间，直接在设备之间建立联系。

使用设备链接特性文件可以在印刷机之间进行准确的颜色匹配，得到理想的黑版和总墨量控制，保护颜色的饱和度，保护纯黑的颜色。

1.设备链接特性文件的创建

有很多软件都可以创建设备链接特性文件，如AlwanLinkProfile、EFI数码打样软件和Profile Maker。下面以Profile Maker进行设备链接文件的制作。

点击Profile Maker打开主界面，点击“Device link”选项卡，见其界面如图10-1所示。

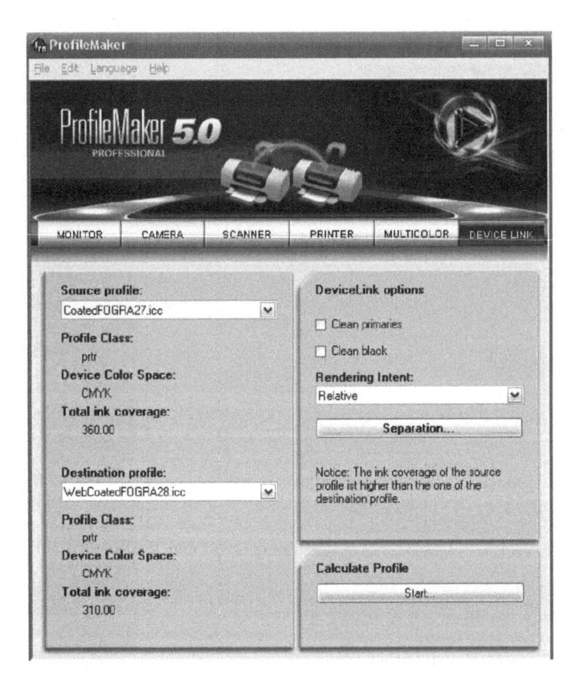

图10-1 Profile Maker Device Link界面

在“Source Profile”处选择源色彩空间，在“Destination Profile”处选择目标色彩空间。当从一台印刷机换到另一台印刷机印刷时，选择之前的印刷机特性为源色空间，准备印刷的机台色空间为输出印刷色空间。当进行数码打样时，一般选印刷机的特性文件为源色空间，选打样机的颜色空间为目标色空间。

在界面中选择好两个色空间文件后，点击“Seperation”，可以根据需要对分色参数进行适当的修改。有关设定完成后，就可以点击“Start”开始生成设备链接特性文件了。

虽然常规软件不能使用这种ICC文件，但这种ICC文件也是一个非常重要的ICC文件，它主要是用一些色彩批处理器软件，嵌套在色彩管理工作流程中使用，为不同的CMYK色空间到CMYK色空间提供转换。

2.使用设备链接文件进行色空间转换

能够使用设备链接特性文件进行色彩管理的软件有很多，下面对几个常用的软件进行介绍。

（1）利用Photoshop软件进行设备链接文件的转换

把制作好的设备特性文件放置到系统默认的文件夹。当系统有设备链接特性文件时，在Photoshop软件中，执行“转换为配置文件”，在转换为配置文件的对话框中，点击“高级”，弹出“转换为高级配置文件”对话框，此时设备链接选项变亮，选择制作好的设备链接文件，点击“确定”完成色彩空间的转换，如图10-2所示。

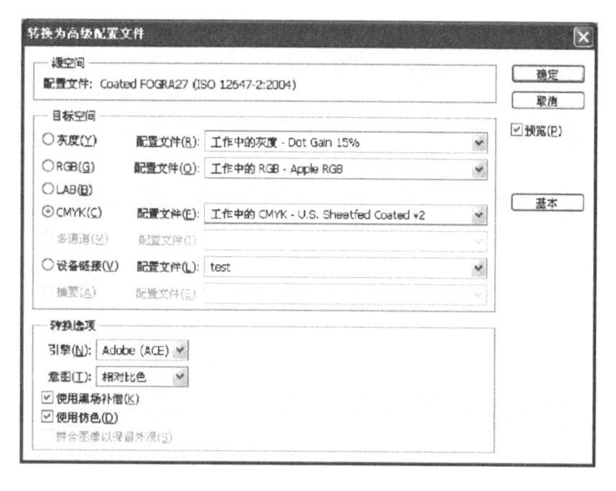

图10-2　Photoshop软件中设备链接文件的应用界面

低版本的Photoshop软件中没有该项功能，此处用的是Photoshop CS5版本。

（2）使用Adobe professional进行设备链接文件的转换

利用Callas公司的pdf Color Convert插件可以进行设备链接文件的转换。

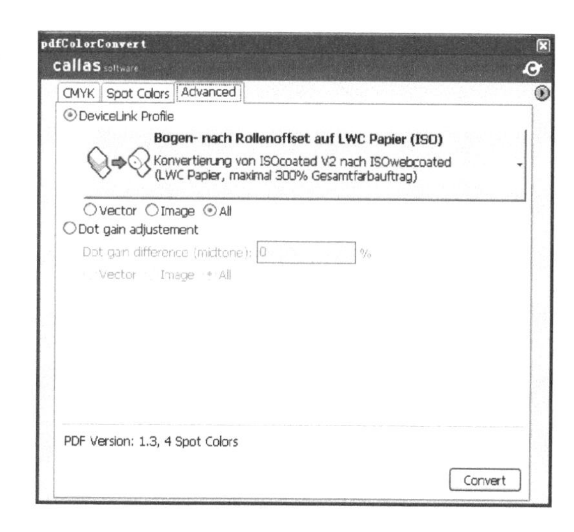

图10-3　pdf Color Convert中设备链接文件的应用界面

在软件中打开pdf Color Convert插件，点击主界面的“Advanced”选项卡，如图10-3所示，选中“DeviceLink Profile”选项，选择制作好的设备链接文件，点击“Convert”完成色彩空间的转换。

思考题

设备链接特性文件是什么？何时使用？

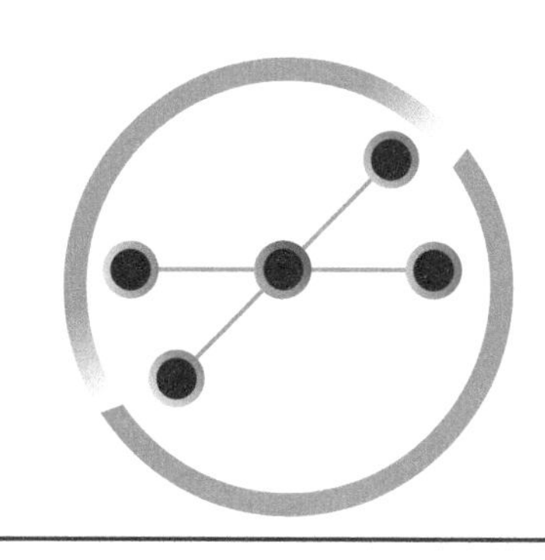

思考题答案

单元一

1.简述色彩管理系统的构成及各自的作用

色彩管理系统是一种应用系统，包括计算机硬件、计算机软件和测色设备，其目的是形成一个环境，使支持这个环境的各种设备和材料在色彩信息传递方面相互匹配，实现颜色的准确传递。

色彩管理系统包括四个部分：特性文件连接空间、设备颜色特性文件、色彩管理模块、再现意图。

特性文件连接空间：作为颜色空间转换的中间站，是一个与设备无关的色彩空间（一般CIE XYZ或CIE lab色空间），在进行颜色空间转换时，先把源空间的颜色转换到PCS空间，再将颜色转换到目标颜色空间去。

设备颜色特性文件：用到描述指定设备的颜色表现特性，它明确定义了设备的RGB值或CMYK值所对应的CIE XYZ或CIE lab数值。

色彩管理模块：CMM实质上是一个特性文件的支持下完成颜色转换的程序。

再现意图：在进行颜色空间转换时，必然存在着色域不匹配的问题，为了尽可能地将源图像的色彩信息记录下来，必须使用色域压缩的方法进行处理。再现意图的作用就是处理因这些色域转换引起的两个色空间的转换方式。

2.色彩管理系统工作的三个过程是哪三个？并分别说明它们对色彩管理的作用？

设备校正——即使工作设备处于正常与最佳的工作状态的手段与方法。

设备特征化——色彩管理系统工作的核心之一。设备特征文件为色彩管理系统提供将某一设备的色彩数据转换到设备无关的色彩模式中所要的必要信息。

色彩转换——用于解释设备特征文件，并依据特征文件所描述的设备色彩特征进行不同设备的彩色数据转换。

3.常见的CMM有哪些？

Adobe CMM、Heidelberg CMM、Kodak CMM。

4.色彩管理系统必须完成的任务是什么?

色彩管理系统必须能指出RGB和CMYK数值所表示的是什么样的颜色感觉。色彩管理系统必须保证那些颜色数值在设备间传递时保持颜色感觉的一致性。

5.什么是色域?

色域，又被称为色彩空间，是指一个系统能够产生的颜色的总和，通常是用模型或方法表示的颜色空间，或是具体设备和介质所能表现的颜色范围。

6.常用的与设备无关的色彩空间有哪些?

CIE XYZ（1931）和CIE Lab色空间。

7.哪个色域可以作为色彩管理转换的中间色空间，为什么?

ICC选择CIEXYZ、CIELab，它们是与PCS设备无关的色空间。

8.色标是什么?

色标是用实地和网目调色块表示的基本色及其混合色的标准，也常被称为色彩向导或色彩控制条。

9.输入、输出设备常用的色标有哪些?

扫描仪常用IT8.7/1（透射稿）和IT8.7/2（反射稿），还有HCT色标。

数码照相机常用色标有两种：Macbeth ColorChecker色标，以及GretagMacbeth ColorChecker SG（半光泽）色标。

输出设备（如打印机或印刷机）的常用色标有ISO IT8、ISO 12642和ECI2002标准色标。

单元二

1.常用的显示器的校准方法有哪些?

① 利用Adobe Gamma控制面板校准。

② 使用专业的校准软件，例如Profile Maker。

2.显示器校准的主要内容有什么?

白点、亮度和对比度、白平衡。

3.如何加载显示器的“Profile”?

在显示器的桌面打开“属性—设置—高级—颜色管理”，在颜色管理界面加载特性文件即可。

单元三

1.扫描仪一般在什么情况下需要校准?

① 更新扫描仪或扫描仪的某些元件时，如光源、镜片等。

② 扫描图像的色彩发生了十分明显的变化，包括图像突然变化得过亮或过暗，或者图像的灰色区域突然出现明显的色偏。

③ 扫描工作应该定期测定扫描光源，当扫描光源老化时及时进行更换。

2.扫描仪校准的基本原则是什么?

基本原则是将扫描仪调校成能够忠实于原稿的阶调层次信息、色彩变化及灰平衡。扫描仪的校准通过扫描仪白平衡实现，白平衡校准的作用是调整扫描仪三原色通道光学器件的最大输出工作电压，保证三通道信号混合中性色时达到均衡。

3.扫描仪特性化的常用标准色标有哪些?

国际上比较标准的色标是IT8.7/1透射色标和IT8.7/2反射色标。

4.扫描仪的特性文件有哪些使用方法?

① 在Photoshop中指定扫描仪特性文件；② 扫描软件中嵌入ICC特性文件。

单元四

1.用一张白色复写纸或白色T恤衫进行白平衡，这样正确吗?

不正确，用一张白色复纸或白色T恤衫做白平衡，由于其中含有非常多的荧光增白剂，如果用来做白平衡就会发现拍摄结果偏黄，程度视现场光的紫外线含量而定。

2.数码照相机的自动白平衡在什么情况下不能正常工作?

一般在光线的色温不在2500～7000K的范围内，自动白平衡不能正常工作。此外被摄物体在很蓝的天空下，或者被摄物体被色温差很大的光源（或照度很强的如水银蒸汽灯，或照度过低如烛光等）照射，被摄物体的表面较暗，某些光源超出探测器的感应范围，如雪地等数码照相机的白平衡也不能正常工作。

3.数码照相机特征化时应注意的因素有哪些?

（1）选择具有良好色彩的专业照相机。不同的数码照相机色彩能力截然不同，需要选择那些可以记录大色域的照相机。

（2）拍摄色卡图像时的照明。为了正确曝光需要良好的照明，如采用标准光源作为拍摄光源等。同时，需要不断更新的照明系统，因为多数传统工作室的闪光灯的质量与强度都无法满足要求。

（3）检查标准色表的拍摄效果等。

4.数码照相机的特性文件生成过程中Eye-One Match会对拍摄的色卡照片进行检查，常见的报错问题有哪几种?

① 曝光过度，所拍摄的色卡图像最白色块色值超过245，需要降低亮度重新拍摄。

② 白平衡的问题，需要重新校正数码照相机的白平衡后再拍摄。

③ 亮度不均匀，拉远色卡与数码照相机的距离或缩小光圈重新拍摄。

单元五

1.使用不同的特性文件打印输出时打印质量有何区别?

打印输出设备的特性文件是基于输出介质。当使用同一台打样机打印输出时，选择

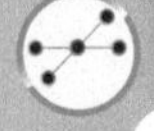

不同的特性文件，就相当于选择了不同的油墨纸张组合，打印质量会不同。

2. 简要介绍数码打样设备的线性化方法。

使用EFI做打样设备的线性化，在EFI界面打开“Color Manager”工具，选择“创建基础线性化”对打样机执行基础线性化。线性化需要紧要进行基础设置、测量每个通道的墨水限量、线性化、测量墨水总量、质量控制五步，最终生成线性化文件。

3. 简述数码打样流程。

① 打样机基础线性化；② 创建打样机特性文件；③ 创建印刷机特性文件；④ 输出样张。

单元六

1. 数码印刷机什么时候进行设备校准?

① 房间的温湿度也会影响机器的状态，要时刻保持机器所在房间的温湿度恒定，如果温湿度有较大变化，要重新设备校准。

② 机器换了墨粉、载体等，要重新设备校准。

③ 打印大批量作业（300份以上）前需要设备校准。

2. 使用数码印刷机校准时，设备校准曲线怎样才符合要求?

要保证四条细线平滑均匀，不要有“突变”和大的波动。

单元七

1. 叙述G7规范校准的步骤?

① 首先确保印刷机处于正常工作状态，能稳定运行。准备如G7规范规定的纸张及油墨。

② 印刷测试样张。

③ 测量样张，由测量的数据绘图或输入软件得到调节参数。

④ 将调节参数输入RIP中，改变页面的网点数据。

⑤ 调用新的RIP曲线，输出印版，印刷样张，选合格样张测量，取平均值。

2. 印刷过程控制的参数有哪些?

实地密度和网点密度；网点扩大值；叠印率；印刷反差；印刷灰平衡。

3. 色彩管理与印刷过程控制有什么区别和联系?

色彩管理不光涉及印刷过程，还需要对整个印刷生产流程进行管理。色彩管理的效果，需要整个复制系统的全部实施，才能有较好的效果。其中印刷过程是非常重要的一个环节，印刷机的机械设备，操作较复杂，所以要做好色彩管理，需要在印刷过程中实现规范化、标准化控制，这样色彩管理的效果才能真正体现出来。印刷过程的控制对于色彩管理来说，要实现的是机器运转的稳定性，而不是效果最好。

单元八

1.Photoshop软件中颜色设置起什么作用?

主要是针对在Photoshop软件中新建的文档进行的最基础的色彩管理的设置。以及在处理文件时遇到各种色彩管理情况软件如何处理的设置。

2.在什么情形下需要指定配置文件?

当需要在软件中观察在不同的设备上输出或显示时的效果时，可以通知“指定配置文件”的命令来完成。

3.转换为配置文件后文件的数据发生了改变没有?

发生了改变。

4.何时需要转换为配置文件?

当需要在某个设备上进行输出文件时，需要进行转换为配置文件的操作。

5.屏幕软打样的原理是什么?

在屏幕上仿真显示印刷输出的效果的打样方法。软打样通过使用输入设备、输出设备和显示器的相应转换表来显示复制品中最终出现的图像的精确样式。实际是对显示器进行测试和调整，使其特性符合某种状态的设备特征，或产生符合当前工作状态的新的设备特征。而色彩管理系统将支撑显示器色域和打印机与胶印机色域中的颜色之间的相互仿真转换。软打样要进行从源ICC到设置ICC的转换，再到显示器设置ICC的转换。

6.在Photoshop软件中的打印色彩管理控制功能如何操作?

在“文件/打印”命令下的对话框中进行设置，实现输出颜色的控制。

单元九

1.有哪些方法可以查看PDF文件的特性文件?

可以借助Enfocus Pitshop Professional插件查看。

2.如何更换PDF文件的特性文件?

可以借助pdf Color Convert插件完成。

单元十

设备链接特性文件是什么？何时用?

设备链接（Device link）特征文件是由源设备空间直接转换到目标设备空间的一种转换用特征文件，一般用于颜色由一个输出设备直接转换到另外一个输出设备。用Device link profile进行颜色转换则不需要经过PCS空间，直接在设备之间建立联系。

参考文献

[1] 刘武辉等编著. 印刷色彩管理. 北京：化学工业出版社. 2011.

[2] [美] 法瑟（Fraser，B.）等著，刘浩学 等译. 色彩管理. 北京：电子工业出版社. 2005.

[3] 田全慧，刘珺 编著. 印刷色彩管理. 北京：印刷工业出版社. 2007.

[4] 刘武辉. Device link profile浅谈. 广东印刷，2009.

[5] 孙海，古辉. 色彩管理技术的研究与实践. 民营科技. 2011（6）.

[6] 樊金洲. 色彩管理与色彩校正. 印刷杂志. 2009（1）.